我国农业农村绿色发展对策分析

主　编　刘宝存　熊　炜

U0339208

天津出版传媒集团

天津科技翻译出版有限公司

图书在版编目(CIP)数据

我国农业农村绿色发展对策分析 / 刘宝存，熊炜主编.
— 天津：天津科技翻译出版有限公司，2021.10(2022.6 重印)
ISBN 978-7-5433-4034-3

Ⅰ.①我… Ⅱ.①刘… ②熊… Ⅲ.①农业环境保护
–研究–中国 Ⅳ.①X322.2

中国版本图书馆 CIP 数据核字(2020)第 123257 号

我国农业农村绿色发展对策分析
WOGUO NONGYE NONGCUN LÜSE
FAZHAN DUICE FENXI

出　　版：天津科技翻译出版有限公司
出 版 人：刘子媛
地　　址：天津市南开区白堤路 244 号
邮政编码：300192
电　　话：(022)87894896
传　　真：(022)87895650
网　　址：www.tsttpc.com
印　　刷：唐山鼎瑞印刷有限公司
发　　行：全国新华书店
版本记录：880mm×1230mm 32 开本　3.5 印张　80 千字
　　　　　2021 年 10 月第 1 版　2022 年 6 月第 2 次印刷
　　　　　定价：25.00 元

(如发现印装问题，可与出版社调换)

编委名单

主　　编　刘宝存　熊　炜

副主编　郑　戈　王　农　谷佳林　徐志宇

编　　者　（按姓氏笔画排序）

习　斌　王　农　冯建国　刘亚丽

刘宝存　安志装　孙钦平　李钰飞

邱康康　谷佳林　张琪萱　金书秦

郑　戈　索琳娜　徐志宇　熊　炜

薛文涛

前　言

党的十九大报告明确提出,要实施乡村振兴战略,坚持绿色生态导向,走乡村绿色发展之路,着力解决环境问题。面对新时代乡村振兴和生态文明建设的新挑战,走绿色发展道路,是实现农业农村现代化建设的重大决策部署,是实施乡村振兴战略的重要保障之一。

"十一五"以来,我国农业立足保障生产和生态安全,在优化空间布局上,初步形成了农田土壤质量与肥料效应、农业水资源、农业产地环境、乡村环境质量等长期定位监测网络,积累了一批典型农区和重点领域的观测数据;在资源高效利用方面,开展了作物养分高效利用、农业节水节肥与环境效益、新型肥料和农药、全程化肥农药减量、测土配方等技术的研发与应用,创新了一批科技成果;在保护农产品产地环境方面,实施了粮、菜、果主产区农业面源污染综合防控,农产品产地土壤重金属污染综合防治,开展普查、动态监测等,探索建立耕地面源与重金属污染综合防控与治理模式;在生态循环农业建设方面,研发出了秸秆资源化利用、地膜及有毒有害化学或生物污染综合防治、畜禽粪污无害化综合利用技术等,创建了一批循环低碳农业模式。

进入新时代以来,绿色发展的理念已经深入人心和实践,科技供给不能完全适应我国农业绿色发展的需求。一是生产经营方式已经发生转变。已从注重生产到生产和生态并重,从追求产量到注重质量效益,从分散经营到规模化生产,农业绿色发展的技术体系需要解决低碳化、高效化、机械化、标准化等新问题。二是我国农业水、土等资源约束趋紧。着力推进农业生产过程绿色化、技术绿色化,根据我国农业不同类型地区,构建重点区域和重点流域的综合治理、产品绿色生态化技术与安全高效利用体系迫切需要生态节水、节肥、节药以及污染治理和修复的绿色技术创新。

受农业农村部科技发展中心委托,北京土壤学会联合农业农村部环境保护科研监测所、农业农村部农业生态与资源保护总站、农业农村部农村经济研究中心、北京市农林科学院等单位,围绕我国新时代农业绿色发展的新要求,以农业绿色发展现状为导向,以生态文明建设为指引,以资源环境承载能力为基准,以提高农业投入品和产出品的资源利用效率、保育和恢复生态环境为主攻方向,以支撑引领农业绿色发展、提高农业质量效益和市场竞争力为目标,探究高效、高质、低碳、循环的农业绿色发展中的环境问题和制约要素;以农业绿色发展空间布局科学化、资源利用高效化、产地环境友好化、生态功能多样化为切入点,全链条设计开展战略研究,以期为新时代我国农业绿色发展提供借鉴,为指导决策提供支撑。

目 录

第一章

我国绿色农业发展科技保障研究进展

　　为适应农业供给侧结构性改革需求，构建农业绿色发展技术体系，为我国农业绿色高效发展提供保障，"十三五"以来，国家启动并实施了一系列相关重点专项。

　　聚焦我国农业绿色发展对环境友好农业生产资料投入品和良好生态环境需求，启动了"化学肥料和农药减施增效综合技术研发"重点专项。按照《全国优势农产品区域布局规划》《优势农产品区域布局规划》，聚焦主要粮食作物、大田经济作物、蔬菜、果树化肥和农药减施增效的重大任务，开展了氮、磷化肥迁移转化吸收利用和化学农药对靶高效传递与沉积机制，以及活体生物农药增效及有害生物生态调控机制基础理论研究；针对化肥、农药、肥料农药限量标准，以及绿色化肥和农药投入品及配套施用器械装备和技术缺乏问题，研发了新型缓（控）释肥料与稳定肥料、生物炭基肥料及微生物肥料、农业生物药物分子靶标发现与绿色药物分子设计、作物免疫调控与物理防控技术及产品、天敌昆虫防控技术及产品、新型高效生物杀菌剂、新型高效生物杀虫剂、新型高效植物生长调节剂和生物除草剂、天然绿色生物农药的合成生物学与组合合成技术、养分原位监测与水肥一体化施肥技术及其装备、种子种苗与土壤处理技术及配套装备等有机替代和绿色防控技术，创制新型肥料和农药，研发大型智能精准机具，开展了小麦、玉米、水稻、大豆、蔬菜、果树、特色经济作物农药减施技术集成研究，以及黄淮海冬小麦、黄淮海夏玉米、北方小麦、北方玉米、热带果树、北方水稻、华南及西南水稻、长江流域冬小麦、南方山地玉米等区域作物化肥农药减施技术集成研究与示范。这为我国农业绿色发展提供了化肥农药减施增效与高效利用理论、方法和技术体系保障，通过示范应用，实现了作物生产提质、节本、增效，氮肥磷肥和化学农药利用率大幅提高,氮、磷化肥和化学农药减施,降低了环境污染负荷,提高了农田生态环境质量。

聚焦我国水稻、小麦、玉米三大粮食作物,针对丰产增效协同发展的科学技术难题,启动实施了"粮食丰产增效科技创新"重点专项项目。突出东北、黄淮海、长江中下游三大主产平原13个粮食主产省,以作物、环境与措施三者互作关系为核心,以产量与资源效率层次差异性、资源优化配置和气候变化响应机制等三方面前沿性科学问题为重点,探索粮食丰产增效、低环境代价的可挖掘潜力、关键调控机制和技术途径,开展良种良法配套、信息化精准栽培、土壤培肥与耕作、灾变控制、抗低温干旱、均衡增产和节本减排等关键技术研发,进行区域技术集成示范,以构建规模机械化现代新型技术模式为核心,形成高度规模机械化、信息标准化、精准轻简化水平的生产体系,为我国三大作物绿色高效持续生产、农业种植结构的优化调整、保障粮食安全提供了理论、技术和物质保障。

针对农业生产资料大量不合理投入导致的农田生态系统内源污染和外源有机、无机污染问题,启动实施了"农业面源和重金属污染农田综合防治与修复技术研发"重点专项,以农田面源污染物和重金属溯源、迁移和转化机制、污染负荷及其与区域环境质量及农产品质量关系等理论创新为驱动力,突破氮磷、有毒有害化学生物、重金属、农业有机废弃物等农田污染物全方位防治与修复关键技术瓶颈,提升装备和产品的标准化、产业化水平,建设技术集成示范基地。针对氮磷流失污染,明确径流易发区旱作和水田地表径流氮磷流失机制、包气带生物反硝化脱氮阻控机制、基于生理生态过程的稻田氮磷流失机制模型、亚热带径流易发区流域尺度氮磷流失机制,形成了农田污染天地一体化动态监测网络构建技术、秸秆和畜禽粪便资源化高效利用技术、碳氮磷水协同调控提升作物氮磷吸收利用技术、控源增效氮磷高效利用技术,研发出整地深松分层施肥撒播联合作业机和新型氮素稳定调控产品,构建了水土流失型氮磷面源污染高效生态拦截技术体系、以农机服务为抓手的处理中心区域综合防控模式、高氮磷残留土壤修复技术与作物套餐施肥模式、集成微孔膜水肥一体化技术模式、双季稻区小流域面源污染多级生态阻控技术模式。针对有毒有害化学生物污染,提出化学污染物的同位素标记合成方法及监测标准,形成典型农药等广谱高效降解菌的高密度发酵技术、农田有毒有害化学污染阻控生物炭材料制备技术、畜禽抗生素在环境中的快速检测分析方法技术。针对重金属污染,建立"优良生态型"筛选经验模型,形成中轻度稻田重金属污染阻控与安全利用关键技术、重金属污染耕地水稻安全生产综合农艺调控技术、自主知识产权的电磁感应电热蒸发样品导入关键技术、超积累植物东南景天热解气化合成气和生物炭技术、金属离子与有机质络合过程在线定量检测与成像技术,研发筛选出高效镉砷同步钝化材料、重金属镉砷低累积作物品种、"物联网+"X射线荧光土壤重金属速测仪、X射线荧光光谱重金属速测仪,构建了农田土壤重金属污染阻控技术、长江中下游农业面源和重金属污染综合防控集成技术模式、水旱轮作系统镉砷等污染农田综合修复技术模式。针对农业废弃物污染,研发出筒仓式一体化智能堆肥反应器、滚筒式沼渣制肥一体化智能装备、智能生物除臭滴滤反应器中试设备、农业废弃物一体化处理连续动态槽式好氧发酵系统、多原料干法连续式厌氧发酵技术与装备、养殖场气体原位在线监测装备。

"十三五"期间三个专项实施为我国绿色生态农业发展提供

了以化肥和农药为主体的环境友好技术、产品和装备,以小麦、玉米、水稻为主体的绿色高效生产调控理论、技术、产品和装备,以及农田生态环境质量提升理论、技术、产品和装备。但是也存在如下不足:第一,在理论层面,土壤–作物系统的多元素、多界面、多过程机制解析与定性调控原理,需要三个专项形成理论体系一化衔接的深化研究;第二,关键技术与产品的标准化、产业化程度不高,需要开展技术、产品和装备的协同集成研究;第三,全产业链一体化实施的专项设计在上、中、下有机对接,互惠共享,合理运行机制仍需研究。

第二章

我国乡村生态文明与生态景观

一、我国乡村生态文明建设

我国的农村生态文明建设是实现美丽乡村建设的重要抓手，中国现阶段的生态形势不容乐观，个别地区存在资源严重匮乏、环境严重破坏、生态系统严重失调等突出问题。农业生态资源是农村生态系统保护中最需要加大投入力度的环节，这是由农业的特质决定的。农业是对自然资源的直接利用与再生产，与自然生态系统的联系最紧密、作用最直接、影响最广泛。农业、农村在国民经济中占据基础性地位，在农村树立生态文明理念，改善农业生产和农民生活方式是一个划时代的突破。

农村生态文明建设现状

中国农村生态文明建设是中国特色社会主义生态文明建设的艰巨任务和薄弱环节。近年来，随着农村经济社会的快速发展，农民生活水平的不断提高，农村生态文明建设这一重大任务受到党和国家的密切关注。农村生态问题日益严峻，保护农村生态安全、建设农村生态文明也成了中国经济发展和社会进步的重要基础。

1.颁布环境保护法律法规

在农村生态文明建设过程中，亟须政府给予经济、政策等方面的支持与法律层面的保障，加快城乡一体化环境立法，深化农村环境执法，完善农村环境保护法律体系，对农民进行农村环境保护法律的科普，是推进农村生态文明建设的关键性问题。近年来，我国已经颁布的有关法律法规主要有《城乡规划法》《村庄和集镇规划建设管理条例》《大气污染防治法》《水污染防治法及其实施细则》《海洋环境保护法及其实施细则》《固体废弃物环境污染防治法》

《土地管理法》《矿产资源法》《水法》《森林法》《草原法》《渔业法》《水产资源繁殖保护条例》《自然保护区条例》《风景名胜区条例》《野生植物保护条例》《城市绿化条例》及相关实施细则等。这些法律法规在调整人与自然生态系统的关系朝着和谐向好的目标发展上发挥着重要作用。

2.推广农村生态文明教育

在农村生态文明建设中,除了鼓励、支持、引导绿色生态产业发展和制定相关的生态保护法律法规外,教育、文化传播的作用也不容忽视,以生态文化的力量感召和培育人们的生态意识,使农民牢固树立生态自然观,才是使生态文明建设不断向前发展的内驱力。通过农村生态文明教育可形成一种文化力量,这能够使农村生态文明建设的思想扎根于农民的内心深处,使农民深刻意识到生态文明建设的重要意义。

3.开展农业生态化改造

开展农业生态化改造,主要是基于绿色农业、生态农业和循环农业产业链,大力改造传统农业生产方式,进行生态化转型,协调农业发展和环境保护。

二、我国乡村生态景观建设

农村景观和城市景观之间有一定的差别,同时,与自然景观也不完全相同。在新农村中,村庄主要是以斑块的形式出现,河流、农渠和道路的主要形式是廊道状,田园景观主要通过这些要素构成[1]。新时期的美丽乡村建设必须尊重乡村自然环境,以环境美、生活美、产业美和文化美为基本原则,生态景观建设的核心是以农民为主体,强调在保证农民富裕的同时,加强对环境的保护,促进产业发展和文化传承,激活乡村活力,在生产、生活、生态和文化等多个方面进行改造与创新,提升乡村风貌的景观多样性,实现人居生活美的目标[7]。

(一)我国农村景观生态建设主要模式

我国农耕历史悠久,广大农村地区在长期实践过程中,不断探索和总结,形成了诸多具有鲜明地域特色的农村景观生态建设模式[2],包括珠三角地区的"花基鱼塘""果基鱼塘""桑基鱼塘"景观模式,东北平原的"沙地田—草—林"和"稻—苇—鱼"湿地生态农业景观模式,中部平原区的"农田—林网"景观模式,南方红壤丘陵区的"顶林—腰果—谷农—塘渔"立体种植景观模式和"稻田—多水塘"景观模式,黄土高原的"农—草—林"立体镶嵌景观模式等。综合分析这些兼具生产、生态功能的农村生态建设模式,其核心思想是循环、再生和可持续利用,即最大限度地建造一个养分物质内部循环、生物链相互衔接、空间资源高效利用的生态系统,这也是这些景观模式能够在千百年农业生产实践中得以保留下来的主要原因。

(二)乡村生态景观成功经验的启示

1.构建完善的法律法规体系

乡村生态景观建设属于一项长期的、系统的工程,为了确保这项工程顺利、有序、合理地推进,就必须构建完善的法律法规体系,为其发展提供有力保障。同时,对于各项条件都符合要求的开发项目,地方政府要提供全方位的扶持,而对于不符合法律法规要求的项目则要及时叫停或予以相应处罚。

2.坚持贯彻生态保护理念与原则

在进行乡村生态景观建设时，一定要坚持贯彻生态保护理念与原则,坚持走可持续发展之路。

3.传承传统文化,彰显地方特色

人类自诞生以来就以群居生活，所有部落都有着各自独特的历史渊源，所有国家和民族都有着自己无可复制的历史与文化特征，所以在对不同地区进行乡村生态景观建设时必须要注重地方特色文化的保护与传承。

4.以人为本,改善乡村人居环境

乡村生态景观的建设，根本目的是为了推动乡村经济的全面发展,提高乡村居民的生活质量,所以在我国乡村生态景观的开发建设过程中，必须坚持以人为本的理念与原则,采取最佳措施实现经济效益与生态效益的最大化,推动乡村区域的可持续发展[3]。

三、我国生态文明、生态景观评价指标体系

(一)农村生态文明指标体系

立足农村生态文明的内涵和目标，以及指标体系建设的逻辑维度和时空特点,遵循系统性与区域性、综合性与代表性、导向性与创造性相结合的指标筛选原则，吸收当前我国现有相关理论和实践经验,评价指标体系主要包括生态经济、生态政治、生态社会、生态文化和生态环境五个方面[5]。

1.生态经济

经济活动是人类干预自然生态最直接的表现。农村经济成分复杂,但仍以种植和养殖为主的农业作为基础产业,乡镇企业、服

务业作为农村经济的组成部分，逐渐实现了规范化经营和集约化管理。农村生态经济建设旨在提高居民生活质量的同时,将生态理念融入经济过程,优化产业结构,转变粗放型、污染型生产方式。因此,从发展水平、生态效益和产业结构等方面对农村生态经济系统提出建设目标,主要选取生态农业产值、单位产值能耗、农业资源综合利用率、绿色产业增加值、农业集约化水平、种植结构多元性评价等指标。

2.生态政治

生态政治是生态文明与政治文明建设的有机结合，是生态环境和社会政治相统一的宏观系统，其核心内容是在健康的政治体制下,以实现公共生态利益作为最高价值诉求。生态文明建设长效机制的形成有赖于在民主政治框架下,由政府、市场和公众共同参与、管理和监督的生态法制体系。因此,从生态管理、法治建设、公众参与等方面对生态政治进行描述，可以选择乡村环境管理能力建设(包括人员配置、财政资金保障、设备完善程度等)、生态政绩考核制落实情况、生态法治执行状况、生态自治村规民约完善率等多项指标。

3.生态社会

当我们把生态社会作为一种实际的社会发展中的任务时,它是狭义的,即把"建设生态社会"作为与经济建设、政治建设、文化建设并列的任务之一。在生态文明建设过程中,生态社会的本质是人类群体共同积极为构建人与自然和谐关系提供良好的社会环境和保障体系。当前影响农村生态文明建设的社会因素主要是人口素质、社会公平问题,包括社会公共资源的分配和自然资源利益的分配不公。因此需要建立符合现代农业农村发展的人力资源培育与配置机制,不断提高人口文化素质和人力资源优势,不断完善符合市场配置规律的社会保障机制,充分保障社会和资源配置公平,不断完善社会管理和公共服务(包括电力、道路、通信、教育医疗等公共设施和服务体系),这都将为农村生态文明建设提供稳定的社会环境。从生态民生保障、社会关系和谐、社会结构合理等方面进行描述和评价,可以选择公众对环境质量的满意度、社会保障覆盖率、环境案件发生率、村庄环境宜居程度、义务教育普及率、道路等基础设施建设程度等指标。

4.生态文化

从人与自然关系的视角理解,文化是人类在自然界中生存、享受和发展的主要方式和表现形式。生态文化作为生态文明的精神要素,包括生态哲学、生态道德、生态教育、生态艺术等多种表现形式。农村居民对生态文明的普遍认同和意识的养成,是促进人与自然和谐共进,并转化为自觉行动的基石。我国长达 2000 多年的农耕社会发展史,并不缺乏人与自然亲和友善的乡土风俗。然而,在市场经济冲击下,有些"崇尚自然"的习俗走向了没落。农村生态文化建设需要通过教育和示范引导来实现。因此,从文化培育、生态科技、生态意识等方面进行考量,可选择乡村生态民俗(古村、古树、古遗址、宜居文化等)保护情况、生态教育情况、生态科技创新能力、生态文化宣传措施(利用报纸、杂志、广播、电视等传统媒体和互联网、手机等新兴媒体及时传播科技和文化知识)、生态安全意识、公众绿色行为(节能、节水、绿色出行)意识等指标。

5.生态环境

优美健康的生态环境是农村生态文明的首要目标和最直观的表现形式。农村生态环境系统以生物结构和物理结构为主线,优美健康的农村生态环境需要依靠自然生态环境的自我修复力和人工防护措施。首先,大气、土壤、水、生物等环境要素处于健康状态,可以选取生物多样性指数、森林草地覆盖率、功能区达标率、水源水质达标率等指标进行评价。其次,是人工防护措施到位,防治生态环境污染可以选取水土流失治理率、污染土壤修复率、农业面源污染治理率、生活垃圾分类、无害化处理率、主要污染物排放强度削减率等指标进行评价。

(二)农村生态景观指标体系

1.乡村景观可居度

从当前理论界对乡村人类聚居环境的评价来看,存在三种评价思想,即可居性评价、生态环境评价、可持续发展评价,但这些方法都是侧重于人类聚居环境的某一方面。由于具有可持续发展的特征和需求,人类聚居环境评价应当兼顾人居环境的居住适宜性、生态性、可持续发展能力以及人居环境所具有的推动社会经济的高成长性。可居度评价从乡村可持续人居环境出发,结合人与居住环境以及相互作用形成的景观综合体的特征,形成了相应的评价体系,主要评价指标包括:①聚居能力;②聚居条件;③聚居环境;④生态环境;⑤社区社会环境;⑥经济条件;⑦成长性;⑧可持续能力。

2.乡村景观可达度

乡村景观可达度评价指的是对乡村景观网络和区域组合特征的客观判断,通常是在确定的景观源、景观廊道的基础上,根据可达度的内涵和标准进行的评价。在乡村景观空间中,人的流动特征表现为在多个景观源之间随意流动并且具有一定的内在流动规律。景观廊道是可达度评价的重要内容,包括不同级别的乡村道路、河流以及其他类型的景观空间。此外,乡村景观的区域组合也对乡村景观可达度产生着重要的影响,通常受到时间、空间距离、费用以及地形特征等因素的综合作用,同时大的景观格局也会成为影响可达度特征的重要因素。景观类型的多样性和空间距离特征的复杂性这两个因素导致各类交通工具的便捷程度有所差异。因此,如何在统一的技术参数下进行可达度评价成为评价中最重要的环节。

评价指标主要依据所采用的可达度评价模式和可达度内涵特征。在认知过程中,人们会对景观质量形成特殊的认知和意象,与此同时,景观会对人们产生心理距离的影响,从而大幅降低景观可达度的程度。从景观阻力面和距离矩阵确定的乡村景观可达度评价模型来看,乡村景观可达度评价只包括影响景观可达度的客观因素,而不包括主观因素。因此,乡村景观可达度的评价指标主要包括乡村景观类型与特征和人工廊道网络特征两项指标群体,评价指标包含植被覆盖率、坡度、地形形态、廊道穿越程度、里程、准入程度、平均密度、交通方式以及路况等。

3.乡村景观相容度

在乡村景观综合体中,景观与行为之间存在相容与冲突两种关系。景观环境具有容量特征,因而在容量限度以内,行为具有相容与冲突稳定的特征,当超越容量时,行为则表现为破坏景观平衡,使之退化。根据乡村景观环境容量,以及乡村景观资源的保护、协调、可持续利用与社区可持续发展的客观要求,开展乡村人类行为可能对景观产生的作用的研究。景观相容度评价的关键在于,对每一种景观类型所能够接受的,既具有良好的景观保护功能又具有良好社会经济效益的行为进行选择,有效管理乡村资源,促进可持续发展。从对乡村景观类型与乡村行为的相容性初步判断过程和结果来看,乡村景观相容度评价主要从三个方面来确定:①行为与景观价值功能的匹配特征;②行为对景观的破坏性;③行为对景观的建设性相容度。

四、美丽乡村典型模式

当全国多数地区在对如何建设美丽乡村、建成何种美丽乡村进行探索的过程中,中国农业农村部科技教育司借第二届美丽乡村建设国际研讨会(2014年2月24日召开的中国美丽乡村万峰林峰会)的机会,发布了中国美丽乡村十大创建模式[6]。这十种建设模式,分别代表了某一类型乡村在各自的自然资源禀赋、社会经济发展水平、产业发展特点、民俗文化传承等条件下建设美丽乡村的成功路径和有益启示。十大创建模式发布后,在全国引起了强烈反响。同时,代表每种模式的典型示范村也成为全国各地美丽乡村建设争相学习、观摩的范本和案例。

(一)产业发展型模式

这种模式主要在东部沿海等经济相对发达地区应用,其特点是产业优势和特色明显,农民专业合作社、龙头企业发展基础好,产业化水平高,初步形成了"一村一品""一乡一业",实现了农业生产聚集、农业规模经营,农业产业链条不断延伸,产业带动效果明显。典型代表:江苏省张家港市南丰镇永联村。

(二)生态保护型模式

这种模式主要是在生态优美、环境污染少的地区应用,其特点是自然条件优越,水资源和森林资源丰富,具有传统的田园风光和乡村特色,生态环境优势明显,把生态环境优势变为经济优势的潜力大,适宜发展生态旅游。典型代表:浙江省安吉县山川乡高家堂村。

(三)城郊集约型模式

这种模式主要是在大中城市郊区应用,其特点是经济条件较好,公共设施和基础设施较为完善,交通便捷,农业集约化、规模化经营水平高,土地产出率高,农民收入水平相对较高,是大中城市重要的"菜篮子"基地。典型代表:上海市松江区泖港镇。

(四)社会综治型模式

这种模式主要是在人数较多、规模较大、居住较集中的村镇应用,其特点是区位条件好,经济基础强,带动作用大,基础设施相对完善。典型代表:吉林省松原市扶余市弓棚子镇广发村。

(五)文化传承型模式

这种模式主要是在具有特殊人文景观,包括古村落、古建筑、古民居以及传统文化的地区应用,其特点是乡村文化资源丰富,有优秀民俗文化以及非物质文化,文化展示和传承的潜力大。典型代表:河南省洛阳市孟津县平乐镇平乐村。

(六)渔业开发型模式

这种模式主要在沿海和水网地区的传统渔区应用,其特点是产业以渔业为主,通过发展渔业促进就业,增加渔民收入,繁荣农村经济,渔业在农业产业中占主导地位。典型代表:广东省广州市南沙区横沥镇冯马三村。

(七)草原牧场型模式

这种模式主要在我国牧区、半牧区县(旗、市)应用,占全国国土面积的40%以上。其特点是草原畜牧业是牧区经济发展的基础产业,是牧民收入的主要来源。典型代表:内蒙古锡林郭勒盟西乌珠穆沁旗浩勒图高勒镇脑干哈达嘎查。

(八)环境整治型模式

这种模式主要在农村脏乱差问题突出的地区应用,其特点是农村环境基础设施建设滞后,环境污染问题严重,当地农民群众对环境整治的呼声高、反响强烈。典型代表:广西壮族自治区恭城瑶族自治县莲花镇红岩村。

(九)休闲旅游型模式

休闲旅游型美丽乡村模式主要是在适宜发展乡村旅游的地区应用,其特点是旅游资源丰富,住宿、餐饮、休闲娱乐设施完善齐备,交通便捷,距离城市较近,适合休闲度假,发展乡村旅游潜力大。典型代表:江西省婺源县江湾镇。

(十)高效农业型模式

这种模式主要在我国的农业主产区应用,其特点是以发展农业作物生产为主,农田水利等农业基础设施相对完善,农产品商品化率和农业机械化水平高,人均耕地资源丰富,农作物秸秆产量大。典型代表:福建省漳州市平和县三坪村。

第三章

我国农业农村废弃物的综合处理

目前,我国每年产生畜禽粪污38亿吨,综合利用率不到60%;每年生猪病死淘汰量约6000万头,集中专业无害化处理比例不高;每年产生秸秆近9亿吨,未利用的约2亿吨;每年使用农膜140万吨,当季回收率不足2/3。这些农业废弃物的资源化安全利用,为促进循环农业发展注入了新的内涵,为增加农民收入开辟了新的空间,为改善农村环境提供了新的动力。

一、大田作物秸秆的综合处理

(一)作物秸秆的产生与分布特点

我国粮食产量近年来连续丰收,秸秆产量也不断增加(图3-1)。据调查统计,2010年全国秸秆理论资源量为8.4亿吨,可收集资源量约为7亿吨。秸秆品种以水稻、小麦、玉米等为主。按照近年来我国农作物种植面积测算,2017年我国秸秆理论资源量增长到8.84亿吨,可收集资源量也增加到约7.36亿吨。

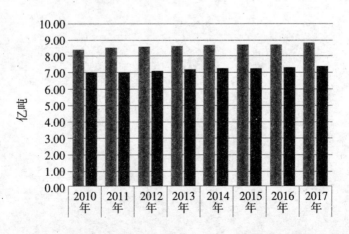

图3-1　我国秸秆的年产生量(灰色条,理论资源量;黑色条,可收集资源量)。

从分布区域来看,华北地区、长江中下游地区和东北地区是秸秆的主要产生区域,分别占全国秸秆产量的 28.5%、23.6% 和 17.2%,这三个地区的秸秆产量占全国秸秆总量的 69.3%。

我国秸秆品种以水稻、小麦、玉米等为主(图 3-2)。其中,稻草秸秆占比为 25.1%,小麦秸秆占比为 18.3%,玉米秸秆占比为 32.5%,这三种作物秸秆总量占我国秸秆总产量的 75.9%,是秸秆的主体。

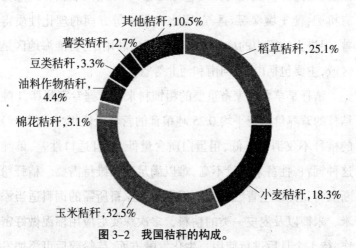

图 3-2 我国秸秆的构成。

(二)作物秸秆的主要利用途径

长期以来,秸秆一直是农民的基本生产、生活资料,是保证农民生活和农业发展生生不息的宝贵资源,可用作肥料、饲料、生活燃料、食用菌基料以及造纸等工业原料等,用途十分广泛。但随着农村经济快速发展和农民收入的提高,秸秆的传统利用方式正在发生转变。

调查结果表明,秸秆作为肥料使用量约占可收集资源量的 14.78%;作为饲料使用占 30.69%,是秸秆去向的最大途径;作为燃料使用量(含秸秆新型能源化利用)约占 18.72%;作为种植食用菌基料量约占 2.14%;作为造纸等工业原料量约为 1600 万吨,占 2.37%;废弃及其他约占 31.31%。

秸秆利用中,秸秆进行直接还田或者通过牲畜饲养进行过腹还田是主要途径。多数情况下,过腹还田归类为饲料化用途。直接还田是通过机械设备把田间的农作物秸秆粉碎,并均匀地撒到地面上,通过深耕翻埋的方式进行处理,一段时间后秸秆腐烂分解成有机肥,使土壤保温、透气、吸水和保水等方面的理化性质得以改善,促进土地肥力的增加。在直接还田利用中,黄淮海地区是主要区域,主要包括山东、河南和河北等省。

秸秆是草食性家畜重要的粗饲料来源。据专家测算,1 吨普通秸秆的营养价值与平均 0.25 吨粮食的营养价值相当。但未经处理的秸秆不仅消化率低、粗蛋白质含量低,而且适口性差,单纯饲喂这种饲料,牲畜采食量不高,难以满足营养维持需要。秸秆粉碎切断后将其铺设至青贮池中,根据不同家畜所需的饲料适当添加玉米、米糠以及麦皮一类的精料,多次踩实后应用稀泥做好密封工作,待 1 个月后进行使用。生化发酵方面,待粉碎后可添加发酵调制剂,做好拌搅工作,放入相应的容器中密封压实,直至熟化或软化为止。其中粗纤维降解发酵产生氨基酸、菌体蛋白和脂肪酸等物质,秸秆的营养价值、适口性等均有所提升。秸秆养畜的主要省份有黑龙江、吉林、辽宁和河北等省。

秸秆能源化利用的主要方式有直接燃烧(包括通过省柴灶、节能炕、节能炉燃烧及直燃发电)、固体成型燃料技术、气化和液化等。长期以来,秸秆和薪柴等传统生物质能是我国农村地区居民传统炊事和采暖用燃料,目前也仍然是部分偏远地区的利用方式之一。但随着农村经济发展和农民收入的增加,农村居民生活用能结构正在发生着明显的变化,煤、油、气和电等商品能源越来越得到普遍应用,秸秆燃料化用途明显减少,应用秸秆燃料化的省份主要有黑龙江、吉林、四川、辽宁等省。

秸秆作为种植食用菌基料也是秸秆的重要用途之一。由于秸秆中含有丰富的碳、氮、矿物质及激素等营养成分,且资源丰富、成本低廉,因此很适合用作多种食用菌的培养料。我国食用菌总产量约为1800万吨,秸秆利用量约为1500万吨。整体利用不多,但前景很好,具有较大的发展潜力。

秸秆还可作为工业原料。秸秆纤维作为一种天然纤维素,生物降解性好,可以作为工业原料,如纸浆原料、保温材料、包装材料、各类轻质板材的原料、可降解包装缓冲材料、编织用品等,或从中提取淀粉、木糖醇、糖醛等。我国秸秆工业利用量约为1600万吨。

秸秆废弃及焚烧。随着农村经济条件和生活水平的提高,煤、液化气等商品能源在农村地区的应用越来越广泛,特别是经济发达的东部地区,直接用作燃料的秸秆越来越少。此外,由于化肥的大量使用,秸秆作为肥源的用量减少。不少秸秆被弃于田头和路边、村前和屋后,最终被付之一炬,严重污染环境,影响工农业生产和人民生活。

(三)我国秸秆利用的现状

我国秸秆利用虽然近年来取得了较大的成就,但在不同作物间、不同地区间和不同利用方式等方面还有较大的提升空间。

1.作物秸秆直接还田的机械设备和配套技术尚需进一步提升

机械粉碎还田是秸秆还田的主要方式,我国作物收获机械发展正处在技术成长期,本身还存在不少设计和制造方面的缺陷,质量参差不齐,农机与种植农艺多样化的适应性问题没有解决,大规模秸秆还田的农机技术尚不成熟;秸秆还田后土壤湿度增大、地温升高,为某些病虫害的发生和流行创造了适宜的环境条件,同时由于部分地区土地少、复种指数较高、种植作物倒茬时间比较短,农作物秸秆很难在短时间内充分腐解,影响下茬作物播种质量、出苗和苗期生长,还田秸秆的快速腐解技术还没有突破。

例如东北地区,由于冬季温度低且低温时间长,秸秆还田后长时间不腐烂,这将严重影响下年度作物的播种。该地区亟待研发利用农机与农艺配套进行深翻和快速腐熟的技术。

2.秸秆饲用化中菌种选育和高效发酵有较大的提升空间

秸秆富含纤维素、木质素和半纤维素等非淀粉类大分子物质,如果直接作为粗饲料营养价值很低。采用微生物发酵技术,促进秸秆木质素降解、破坏秸秆细胞壁致密结构、释放可利用的碳水化合物和其他营养物质,继而提高秸秆的营养价值,是秸秆饲用化的常用方法。

实际应用过程中,纤维素酶产量高的菌种选育、发酵过程中降解终产物对酶的合成和活性抑制作用、外源菌株可能会造成瘤胃微生物菌群的紊乱等问题对秸秆饲用的安全性提出了挑战。

3.收储运是秸秆能源化利用发展的瓶颈

收储运是秸秆能源化利用的首要问题。秸秆的产生具有季节性,导致秸秆收集时间集中和紧迫。我国秸秆收储运体系建设刚刚开始,相关技术和装备比较缺乏,没有形成规范、高效的收储运模式。秸秆堆放储藏难,自然堆放体积大、占地广,而且极易引发火灾。目前,秸秆的收储运成为秸秆能源利用发展的瓶颈。

二、蔬菜尾菜（秸秆）的综合处理

（一）蔬菜尾菜的产生与分布

近年来,农业生产中蔬菜和瓜果种植面积增加,蔬菜产量日益增大,产业集中程度高。据统计,我国蔬菜种植面积已经从1980年约300万公顷增加到2008年的1900万公顷(图3-3),占总播种面积的12.67%。蔬菜总产量达到6.9亿吨,比20世纪80年代增长了11倍多。其中, 全国蔬菜播种面积超20万亩的县有400多个,超30万亩的县约200个,超60万亩的县有30多个。生产规模列全国前10的省份,蔬菜播种面积和产量分别占全国的64.1%和67.5%,蔬菜产业集中程度高。

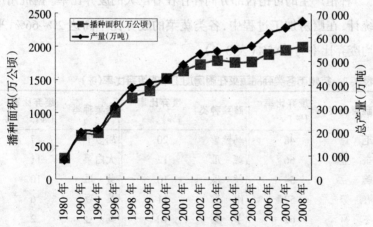

图3-3 我国蔬菜播种面积与总产量的变化图(1980—2008年)。

蔬菜种植中除了满足人们需求的可食用部分外,在蔬菜生产、加工、运输、滞销和厨房加工过程中同样有叶、根、茎和果实的废弃部分,而且该废弃部分的量巨大。

据统计(甘肃农业大学,甘小军),各类蔬菜在生产过程中的尾菜比率为 16.5%~63.5%,平均达到 33.6%,但各作物间差异较大,根菜类尾菜产生相对较少,果菜类尾菜产生量相对较大(表 3-1)。

表 3-1 各类蔬菜种植中的尾菜比率(%)

蔬菜种类	商品菜产量(kg/hm²)	尾菜产量(kg/hm²)	尾菜比率(%)
娃娃菜	75 000	66 000	46.8
甘 蓝	52 500	15 300	22.6
花椰菜	33 000	99 000	75.0
萝 卜	75 000	14 900	16.6
番 瓜	105 000	21 600	17.1
辣 椒	45 000	17 300	27.8
番 茄	75 000	81 000	51.9
黄 瓜	58 500	101 300	63.4

种植产生的可销售部分同样存在着巨大的废弃比率。据杭州市统计,在厨房加工过程中,各类蔬菜的废弃比率高达 2%~66%,平均废弃比率为 20.5%(表 3-2)。

表 3-2 杭州市各类商品蔬菜在厨房加工中的废弃比率(%)

蔬菜种类	废弃比率(%)	蔬菜种类	废弃比率(%)	蔬菜种类	废弃比率(%)
毛 豆	48	马铃薯	20	胡萝卜	7
蚕 豆	66	瓠 瓜	12	大白菜	11
豌 豆	54	丝 瓜	10	黄 瓜	10
春 笋	52	南 瓜	11	菜 豆	6
冬 笋	67	芋 头	10	豇 豆	2
莴 苣	45	青 菜	10	番 茄	6
芹 菜	35	小白菜	10	茄 子	3
辣 椒	25	大 葱	10	甘 蓝	5
冬 瓜	28	小 葱	10	花椰菜	5
茭 白	25	红萝卜	8	白萝卜	5

　　另外,在蔬菜种植中,由于病虫害的发生,或栽培措施的不适当造成的病苗、弱苗,以及在包装、运输及滞销过程中,蔬菜废弃物的产生量估算应该与其产量相当,由此估算全国蔬菜废弃物产生量达到 6.9 亿吨/年。

(二)蔬菜尾菜的特点

　　蔬菜尾菜来源比较多元化,在蔬菜生产、加工、运输和滞销过程中产生的叶、根、茎和果实等都可能是其来源,尾菜具有含水率较高、干物质养分含量高(氮、磷、钾养分合计超过国家有机肥标准)、挥发性固体含量高、易于生物降解等特点。除部分发生病虫害的蔬菜组织外,不含其他毒害物质,因此,大部分尾菜是宝贵的有机资源(表 3-3)。但由于鲜物质水分含量高,且较难收集,常规处理方法难以发酵完全并资源化利用。

表 3-3　各类蔬菜养分含量(%,干重)

样品名	含水率(%)	全氮(%)	全磷(%)	全钾(%)	全碳(%)	碳氮比
花椰菜	88.24	4.23	0.53	0.80	34.96	8.27
白　菜	94.93~95.90	2.72~5.56	0.56~0.77	4.40~4.99	29.70~35.50	8.57
生　菜	93.90~94.80	3.56~4.77	0.47~0.61	4.93~5.37	35.00~41.70	10.00
西　芹	92.80~94.00	2.76~3.96	0.67~0.82	5.00~6.08	33.03	9.83
辣　椒	81.27	2.85	0.30	3.99	39.24	13.76
菠　菜	92.20~93.60	5.23~5.32	0.60~0.80	8.89~11.25	30.50~37.90	7.18
萝　卜	91.25	4.04	0.52	1.99	36.17	8.94
胡萝卜	87.04	3.23	0.49	2.96	39.51	12.23
紫甘蓝	89.62	3.78	0.46	1.57	36.86	9.75
青　菜	88.00~88.70	4.00~5.69	0.35~0.54	1.85~2.01	36.70~47.40	9.80

大部分蔬菜种植地区靠近水源，未经处理的废弃物被倒入水中、蔬菜废物堆积或自身分解过程中产生的渗出液可能随雨水流入江河、湖泊，或渗入地下水系统，从而导致水体污染。另外，蔬菜废弃物含水率较高、挥发性固体含量高、易于生物降解，在堆放、储存和运输过程中会产生恶臭气体，会对大气产生不同程度的污染，且易滋生蚊蝇，传播细菌，影响环境卫生，进而影响人体健康。

(三)蔬菜尾菜的主要利用途径

目前，根据蔬菜废弃物的特点，多数的处理技术集中于肥料化、饲料化、基质化、能源化和卫生填埋等。其中，能源化由于厌氧中产气率低，多与其他物质联合发酵，实际应用不多；由于蔬菜尾菜含水率高，填埋过程中会产生大量渗滤液，处理困难，并会产生填埋气，甲烷含量可达 50%~70%，易燃易爆，加之土地资源稀缺，填埋场选址建设困难。各国均积极致力于减少垃圾进入填埋场的量。饲料转化过程主要是将废弃的菜叶和菜帮进行切碎、脱毒、发酵、打包等，投资较高，很难大面积推广应用。目前多数的处理方式集中于肥料化应用。

1.规模化堆肥处理与基质化加工

针对产业集中地区和农业园区，北京市在规模果园、采摘园、观光园、集中连片菜田(面积超过 500 亩)和民俗村周边，建设农业废弃物循环利用示范点 53 个，推进蔬菜废弃物的无害化处理。采用的主要技术是利用碾丝粉碎机进行蔬果废弃物的粉碎，并通过添加发酵微生物作为起爆，不需添加畜禽粪便等辅料，有效避免了外源污染。发酵最高温度高于 65℃，累积持续时间超过 72 小时，可有效杀灭病菌、虫卵、杂草籽等有害微生物。蔬菜废弃物经无害化处理、发酵和脱水后,物料总质量减少至原来的 10%~25%,处理后成品呈褐色,疏松,没有不良气味,含水量约为 20%。产生的有机肥富含有机质和高活性的功能微生物,是一种优质的有机营养土,能够直接还田利用。施入土壤后能提高土壤有机质含量,改善土壤理化结构,增强土壤保水、保肥能力。

此模式虽然能较好地进行废弃物的循环利用,但投资较大(每个示范点招标 80 万元),运行费用较高,并且由于蔬菜的季节性产出问题,平时闲置率高。此模式较为适用于大型的蔬菜园区与蔬菜产业发展集中区,但很难进行大面积的辐射带动。

2.小型化堆肥

小型化堆肥多结合当地夏季温度高、降雨少的气候特点,采用地上好氧堆肥覆膜防止水分蒸发、堆体下面也铺膜防止渗滤液渗入土体的方式进行堆肥。堆肥后,氧覆膜处理的堆肥产品,在颜色上呈黑褐色或黑色,有的堆肥产品呈白色或灰白色(由于真菌生长所致),无恶臭,带有土壤的霉味,不再吸引蚊蝇,质地松散,多孔隙易耕作,具有保水性、透气性及渗水性,腐熟物的水分低于 10%,呈粉末状,是较为理想的堆肥产品。一般堆置 30 天左右,直至植株残体变软、变黑,没有异味。

小型化堆肥占地少、投资少、处理简单,适宜于个体农户在自家田间地头实施,但由于其堆肥材料来源多元化,难以形成标准化操作,加之堆置中需要数次翻堆,劳动力投入较大,其堆肥最终成品质量很难得到保证,因此限制了这一技术的推广与田间应用。

3.小型化沤肥处理

鉴于蔬菜废弃物具有含水量高、易腐烂的特点,多地均试验了建造沤肥池进行蔬菜废弃物沤肥的研究与推广。广西壮族自治区根据自身特点和基地内蔬菜种植区的地形地貌,每20亩修建小型地下式沤肥池(容积10m³),或者配置容量相当的移动式收集桶,将废弃秸秆等放入沤肥池,加水沤制进行消毒并资源化。北京市一些蔬菜园区也采用沤肥方式处理相关尾菜。每10栋温室设计容积为10m³的地下沤肥池,在完成蔬菜废弃物的沤制过程后,放入排污泵,利用管道灌溉,将沤制液进行灌溉施肥,效果良好。研究显示,合理利用蔬菜沤肥液,可以在一定程度上替代化肥,并能提高作物产量与品质。

虽然利用沤肥手段处理蔬菜废弃物技术简单,农民容易掌握,但由于其占用部分耕地;露天建设不能很好地控制雨水,且没有封盖,存在一定的安全隐患;田间大部分都没有电力供应,使用时将沤肥液取出十分不便等,都限制了这一技术的发展与推广。

4.饲料化加工

山东省淄博市在收集当地各类尾菜的基础上,利用自主研发的工艺进行粉碎、脱水、烘干,其后根据黄粉虫的饲料配方添加辅料,进行造粒成型,生产出黄粉虫养殖专用饲料。该模式按照"公司+合作社+农户"模式进行产业化开发,发展黄粉虫养殖户,并建立蔬菜尾菜处理中心。养殖好的黄粉虫代替鱼骨用于生态鸡的养殖,也可以用于虫源蛋白、脂肪的深加工;虫粪沙作为有机肥可用于蔬菜生产。

甘肃省利用当地夏季冷凉的特点,大力开展夏季蔬菜的种植,并在兰州市建立蔬菜加工转运中心,这就给兰州市处理蔬菜废弃物带来了较大的挑战。由于兰州市是蔬菜的加工转运中心,蔬菜废弃物产生量较大,并且日产量比较平均,蔬菜冷藏库已成为尾菜产生的集中地。针对库区所产蔬菜剩余物可利用部分,通过尾菜饲料化生产线研发,建设蔬菜粉、颗粒饲料、袋装压滤青贮饲料、蜂窝块状生产示范线,并通过设备工艺参数优化、尾菜粗饲料配比优选应用于实践。具体工艺过程为原料→清洗→打浆→添加黏结剂、吸水剂或其他辅料→混合→压块→成品。制成的蔬菜菜饼经甘肃省兽药饲料检查所检测,成品水分为84.4%,干物质中粗蛋白质为19.87%,粗纤维为22.1%,粗灰分为7.8%,钙为1.23%,磷为0.42%,是较好的畜禽辅料,产业化前景好,经济效益显著。

5.其他处理技术

进行蔬菜废弃物的原位消毒并就地、就近还田是目前研究蔬菜废弃物资源化利用中的热点。北京市农林科学院目前筛选了几种消毒剂,研究显示,喷洒消毒剂后,蔬菜废弃物中的真菌、细菌、放线菌等均显著减少,体现了消毒剂具有较好的灭菌效果。目前,已经开发了蔬菜(配套蔬菜除外)消毒、粉碎一体机,将尾菜在粉碎的同时喷洒消毒剂,实现蔬菜废弃物的田间原位还田,从而减少废弃物在田间收集、运输的成本,大大降低其劳动力投入,体现了较好的田间施用性。但目前该消毒剂成本较高,如何降低成本并实现产业化运作是该技术面临的难题。

目前,蔬菜种植的比例逐年在扩大,发展蔬菜产业成为很多地方种植产业结构调整的重要内容,因此可以预见,未来一段时间内,蔬菜废弃物产生量将会更加巨大,处理任务将更加艰巨。

三、畜禽粪污的综合处理

(一)畜禽养殖粪污产生与分布

目前,我国还处在畜禽养殖快速增长阶段,2015年,我国生猪出栏量达 7.08 亿头，牛 5003.4 万头，家禽 119.9 万只，羊 2.9 亿只。与世界其他国家相比，我国生猪的存栏量及出栏量均居世界第一位，约占世界总量的一半。随着养殖量的不断增加，其畜禽粪污产生量也不断增加，并且地区之间分布不均衡。据估算，2017 年全国畜禽粪污总量已经达到 39.8 亿吨，到 2020 年，据有关专家测算，该数字将达到42.44 亿吨。其中猪粪尿、牛粪尿和家禽粪是主要的粪污类型。

目前各养殖大省中，河南、四川、湖南、山东等省粪污产生量较大，畜禽粪尿产生量（不含污水）以河南省最多，其次为四川省、湖南省、山东省，均超过 1×10^8 吨，产生量在 5×10^7~1×10^8 吨间的省（区）有 11 个，从大到小依次为云南省、湖北省、河北省、广西壮族自治区、黑龙江省、内蒙古自治区、辽宁省、广东省、吉林省、江西省和贵州省；小于 5×10^7 吨的省（市、区）有 16 个，以上海市、北京市、宁夏回族自治区粪尿产生总量最小，不足 1×10^7 吨，其他省市的粪尿产生总量均为 1×10^7~5×10^7 吨。

目前，黄淮海地区、东北地区和西南地区是我国养殖比较集中的区域，集约化养殖区域已经由传统的东南沿海地区向北方和西南地区转移，养殖污染产生的环境问题或者潜在环境问题都应值得重视。

（二）畜禽粪污处理对策分析

随着人们生活水平的提高，肉蛋奶供应的需求不断增长，越来越多的规模化养殖场出现在大中城市近郊。当前我国畜禽养殖产业废弃物的综合利用率不足 60%，每年至少有约 16 亿吨的畜禽养殖废弃物无法得到妥善处理，资源安全高效利用模式的变革迫在眉睫。

传统堆肥技术由于占地面积大、周期长、不能控制畜禽粪便臭气等缺点，限制了其在规模养殖下的应用与推广。而工厂化生产模式的高温好氧堆肥以其有机物分解速度快、发酵时间短、最大限度杀灭病原菌等优点成为畜禽粪便堆肥的首选方式。高温好氧堆肥是有机物在一定条件下，依靠微生物的相互协同作用，通过高温发酵分解转变为肥料的技术，这期间合成的有机物腐殖质等能作为提高土壤肥力的重要活性物质。这是当前畜禽粪便资源化利用相对成熟的技术模式。当前，在我国规模化畜禽养殖场的畜禽粪便处理模式中，储存农用和生产有机肥的比例均为 65%~75%。

畜禽粪便能源化以在较大规模的养殖场所进行的沼气工程为主体，以能源生产为目标，通过对畜禽粪污等养殖废弃物进行厌氧发酵，能够分解畜禽粪便中的大部分有机物，所生产的沼气可以作为能源用于燃烧发电，沼气工程中的副产品沼渣、沼液可作为肥料还田利用，最终实现沼气、沼液、沼渣综合及有效利用。

随着畜禽粪便原料型沼气生产技术的不断发展，在农村能源需求增长、规模化养殖快速发展以及环境治理压力加大等驱动因素下，畜禽粪便原料型沼气工程得到了国家政策的大力推动及经费上的大力支持，并迅速发展。在发展畜禽养殖业的同时，将粪污通过沼气发酵处理"变废为宝"，获得生活、生产能源和有机肥料，进行资源化利用。

总之，利用沼气技术对畜禽养殖污水进行综合处理，不但可以解决规模化畜禽养殖带来的污染问题、消除规模化畜禽养殖与环境保护的矛盾，还可以对污水进行资源化利用，在取得生态效益的同时获得可观的经济效益，是保护农业自然资源、优化生态环境、促进现代化养殖的好办法。在我国规模化畜禽养殖场的畜禽粪便处理模式中,当前粪便生产沼气的方式与肥料化相比仍然少得多,全国占比仅在1%左右,还有较大的发展空间。

(三)畜禽粪污无害化处理技术未来需求

随着大型养殖场逐渐向城郊结合带转移,养殖业和种植业开始脱节,养殖场与农田的距离拉大,养殖废弃物难以被运输到农田加以利用。从长远发展来看,畜禽养殖场的建设布局应遵循"种养结合、畜地平衡"的原则,首先要考虑当地的环境承载能力,兼顾市场需求、经济效益及污染排放治理,目前国家和部分地区已经出台了划定畜禽禁养区、限养区技术指南,在这些指南的基础上,应根据可接纳畜禽养殖废弃物的土地布局,合理确定畜禽养殖场的布设区域,以及畜禽种类、总量和规模。

当畜禽粪便肥料化时,如果使用不当,有可能对土壤造成二次污染,影响作物生长,甚至导致农产品质量下降,进而危害人类健康。这是由于规模化养殖场所用饲料中含有大量添加剂,导致畜禽粪便中抗生素、重金属的含量较高,另外畜禽粪便中还含有大量病原体,在使用前需要进行无害化处理。畜禽粪便有害物质的快速消减技术,是未来发展的需要之一。

粪便处理应该充分考虑场所选址及布局、粪便收集、贮存和运输、粪便处理及粪便处理后的利用等。在畜禽粪污资源化过程中,应遵循该技术规范,作为有机肥施用时应与化肥进行合理配合,避免过量施用畜禽粪尿,以免对土壤和农产品造成污染。

畜禽养殖场采用的清粪工艺主要是水冲粪、水泡粪和干清粪工艺,养猪场以这三种工艺为主,养鸡场和养牛场以干清粪为主。

对于水冲粪工艺,由于排出的粪水含水率高(95%~98%),肥料化的难度较大,其运输、贮存和施用都不方便。分离粪水的工艺复杂,并且所分离出的固体粪便养分含量低,作为肥料的价值也较低。畜禽养殖废弃物的清粪工艺智能化、精准化分离设备的研制,是未来发展的需求之一。清洁生产从源头控制开始,以预防为主,将污染物尽可能消除在它生产之前。在人力、物力和财力允许的情况下,优化饲料配方,提高饲养技术,采用能够减少畜禽养殖污水产生量、降低处理难度、节约处理成本的清洁生产工艺,积极推行干清粪工艺,将干粪及时、单独清出,减少与尿、污水的混合排出量,并及时将清出的粪便进行贮存或处理,提高粪污回收利用率,便于进行资源化使用。

四、农产品加工中废弃物的综合处理

我国各类农产品丰富,其中用于加工成其他食品再销售的也种类繁多,种植面积较大的有花生(6900万亩)和油菜(1.1亿亩)。这些加工成各类食品后的废弃物多数含有较为丰富的营养物质,经调研发现,大部分可通过饲料化加工养殖饲料,少部分可进行肥料化加工,基本上没有造成较大的面源污染。

也有部分农产品作为工业用的原料进行处理,如甘蔗,其种植面积达2400万亩,总产量达1.1亿吨,其中广西种植面积最大,达1460万亩,云南种植面积为467万亩,广东种植面积为240万亩,全国其他省市种植面积约为233万亩。经加工成各类食用或工业用糖后,估算产生1400万吨糖,榨取后剩余的蔗渣估算有1200万吨。经调研得知,用于食品加工的甘蔗等各类废弃物,由于本身污染物质含量较低,多数可以加工成有机肥进行农田的回用,因此利用好氧堆肥进行蔗渣的处理在甘蔗产区非常普遍。另外,蔗渣经压榨后含水量低,热值较高,可以燃烧,糖厂加工中本身需要热能,因此很多糖厂都把蔗渣加工成燃料块进行能源化应用,燃烧后的灰烬进行回田。

整体来说,由于食品加工中产生的废弃物虽然种类多,但基本不含有较高的污染物含量,因此各行业因地制宜,通过饲料化、肥料化或能源化等途径进行加工利用,面源污染风险较低。

五、农村污水综合处理

农村在我国社会经济结构中占有重要地位。随着新农村建设的发展,农村居民生活水平显著提高,但农村排水和污水处理设施尚存在不足。未经处理的污水,对农村人居环境造成了严重的污染。

1.我国不同区域农村污水处理

为推进农村生活污水治理,住房和城乡建设部组织编制了东北、华北、东南、中南、西南、西北六个地区的农村生活污水处理技术指南[4],具体如下。

(1)东南水系发达地区

东南地区是我国工农业生产发达、经济产值和人均收入增长幅度最快的地区之一,该区域水系发达,对农村生活污水的治理开展得较早,目前已有较完善的农村污水处理机制,污水处理覆盖面较广。

(2)华北平原地区

华北平原是我国重要的工业地区,经济相对发达。华北平原也是我国主要的农业区,农村耕地占全国的 1/5,农村人口众多,每年会产生大量的污水,具有污染物浓度低、人均日产生量小于南方、污水的排放量与收入水平相关的特点,并且该地区水资源匮乏,所以提出合理的污水处理技术非常重要。

目前华北地区建立了很多示范性工程,通州区位于北京郊区,属于典型的华北缺水地区,采用的工艺有三种,即 BAAS 微动力全生物污水处理工艺、微动力水处理技术和厌氧折流生物滤池–复合流人工湿地,经过长期运行证实可在我国北方城市、郊区、农村推广应用。

（3）东北高寒地区

东北地区气候条件为中温带和寒温带,四季分明,地形复杂。与发达地区相比,经济相对落后,并且经济发展不平衡,农村生活污水具有水量偏少且水质变化大的特点。由于我国污水处理起步较晚,在东北寒冷地区尚无成熟的污水处理示范工程,并且寒冷地区的污水处理还存在很多困难:①冬季低温导致一些污水处理技术不适用于该地区;②农村污水处理资金缺口巨大;③农村生活污水处理建设标准尚未明确建立,缺乏建设验收规范和长期运行效果的监测、监管体制。

（4）中南地形复杂地区

中南地区地形、地貌复杂,包括山地、丘陵、岗地和平原等。农村人口数量、村镇数量和人口密度均较大,很多行政村位于重要水系（如淮河、巢湖、鄱阳湖、洞庭湖等）流域,大量未经任何处理的农村生活污水直接排放,对水环境影响较大。该地区经济总量在全国处于中等偏下水平,区域内经济发展不平衡,农民生活方式、生活水平差异较大。

（5）西北寒冷干旱地区

西北地区地形以高原、盆地和山地为主,冬季严寒而干燥,夏季高温,降水稀少,气温的日较差和年较差都很大。该地区水资源匮乏,村民的用水量也较少,随着新农村建设的推进,自来水普及率增加,部分经济条件较好的村庄普及了马桶、淋浴等卫生设施,使得用水量不断增加,这直接导致农村污水排水量增大。

西北地区的生态条件脆弱,一些传统生态技术并不容易推行,所以需要在传统生态处理技术的基础上进行改进,以适应当地的气候条件,例如在冬季采用植物覆盖和薄膜覆盖联合的保温方法,使其能够用于关中地区的农村污水处理。

(6)西南地区

西南地区经济在全国处于中下水平,农村人口众多。该地区也是我国少数民族聚集的地区,其独特的人文风光使该区域成为旅游的热点区域。因此,以农家乐为代表的旅游产业得到快速发展,与此同时,农村生活用水总量也迅速增长,很多农村污水因为没有处理措施直接排入河流,对当地的生态环境造成极大破坏,可见推行符合当地实际的污水处理措施刻不容缓。

2.我国农村现阶段污水处理技术

农村污水处理技术需结合当地的生态环境,有选择性地应用相关技术,如人工湿地、生物滤池既可有效处理污水,还可保护当地生态;采用厌氧好氧技术及一体化装置,需解决运行管理及技术人员问题。

六、农村垃圾综合处理

农村垃圾成分复杂,产量巨大,对农村生态环境的影响日趋严重,阻碍了我国建设"美丽乡村"的进程。近年来强调农村环境处理问题,《中华人民共和国国民经济和社会发展第十三个五年

（2016—2020年）规划纲要》中提出实行最严格的环境保护制度，形成政府、企业、公众共治的环境处理体系。到2020年，全国90%以上行政村的生活垃圾要得到有效处理。

我国农村地区垃圾处理经验不足，大部分地区仍未实现垃圾的集中收运和无害化处理，给农村生态环境和人民身体健康带来巨大隐患，影响新常态下农村社会经济的可持续发展。如何高效、环保、低成本地进行农村垃圾处理成为现阶段我国农村垃圾处理的重大挑战。

第四章

我国高质农产品安全生产

　　农业是国民经济的基础,是生态文明建设的重要组成部分。习近平总书记多次强调,绿水青山就是金山银山,推进农业绿色发展是农业发展观的一场深刻革命,也是农业供给侧结构性改革的主攻方向,要推动形成同环境资源承载力相匹配、生产生活生态相协调的农业发展格局。

　　2019年4月3日,实现农业的绿色可持续发展,为经济社会的高质量发展奠定良好基础。中国农业科学院发布了我国农业绿色发展首部绿皮书《中国农业绿色发展报告2018》。报告显示,我国农业绿色发展在六个领域取得重大进展。①空间布局持续优化。全国已划定粮食生产功能区和重要农产品生产保护区9.28亿亩,认定茶叶、水果、中药材等特色农产品优势区148个;②农业资源休养生息。耕地利用强度降低,耕地养分含量稳中有升,全国土壤有机质平均含量提升到24.3g/kg,全国农田灌溉水有效利用系数提高到0.548;③产地环境逐步改善。全国水稻、小麦、玉米三大粮食作物平均化肥利用率提高到37.8%,农药利用率为38.8%,化肥、农药使用量双双实现零增长;秸秆综合利用率达83.7%;畜禽粪污资源化利用率达70%;新疆、甘肃等地膜使用重点地区废旧地膜当季回收率近80%;④生态系统建设稳步推进。已划定国家级的水生生物自然保护区25个、水产种质资源保护区535个和海洋牧场示范区64个;全国草原综合植被覆盖率提升到55.3%,重点天然草原牲畜超载率明显下降;⑤人居环境逐步改善。全国完成生活垃圾集中处理的或部分集中处理的村占73.9%,实现生活污水集中处理或部分集中处理的村占比17.4%,使用卫生厕所的农户占48.6%;⑥模式探索初见成效。遴选出全域统筹发展型、都市城郊带动型、传统农区循环型三个综合推进类模式,以及节水、节肥、节药,畜禽粪污、秸秆和农膜资源化利用,渔业绿色发展七个单项突破类模式,可为我国不同地区农业绿色发展提供参考和借鉴。

但我们必须清醒地看到,我国的农业绿色发展仍然面临诸多限制因素和瓶颈。在国际上,我国现有绿色农业相关理论、技术与标准不完善,科技含量需进一步提高,低成本的高新技术供给不足,适合绿色发展的新产品少,利用率比发达国家低,质量提升的技术供给和应用有待进一步提升,农业生产全过程节能、节水、节料技术与工艺与农业绿色发展的要求还不匹配,严重影响我国农产品的质量、效益和市场竞争力。现阶段,我国科技供给还不能完全适应农业绿色发展的要求。新时代的农业绿色发展要求生产和生态并重,质量效益与规模化生产协同发展,同时需要解决低碳化、高效化、机械化、标准化等新问题。

一、新型肥料

新型肥料是指在生物、化学和物理的作用下增强营养功能的肥料,其发展一方面是在传统肥料的基础上增加新的特性和功能,另一方面是利用新的理论、技术等研发出新的肥料类型[7]。新型肥料的主要作用:①提供植物所需的养分;②对土壤结构、酸碱度、理化性质、生物学性质等进行调节和改善;③调节农作物的生长机制、肥料的质量和利用率等。

新型肥料从生产、效果以及使用方面可以分为七类,包括缓(控)释肥料类、工业有机肥料类(商品有机肥料或精制有机肥料)、微生物肥料类、中微量元素肥料类、水溶性肥料类、新功能肥料类、土壤改良调理剂类。其中缓(控)释肥料主要是将有缓(控)释功能的新物质加入复合肥料或者钾、磷单质肥料中,从而对肥料起到增效、控释、缓释的作用,是新型肥料的常见类型。目前,新型肥料主要有缓(控)释肥、水溶肥(磷酸一铵)、混合肥、含微生物肥、液体肥、含腐殖酸尿素、含腐殖酸复合肥、含海藻酸肥料等[8]。其中,缓(控)释肥是目前发展最为迅速的一种新型肥料,主要有控释肥、掺混肥、硫包衣缓(控)释肥、脲醛缓(控)释复肥等[9]。

2017 年,国际标准化组织颁布了由我国主导制定的脲醛缓(控)释肥料国际标准。脲醛缓(控)释肥料是缓(控)释肥料的重要类型之一,也是世界上最早实现商品化的缓(控)释肥料。相比普通肥料,脲醛缓(控)释肥料控释效果更好,可以显著提高肥料的利用率,减少养分挥发和淋洗损失,提高作物产量和品质[10]。

二、节水节肥技术

近年来,随着农业生产资源投入的不断增加,"增量不增效、高产高污染"的现象更加显露无遗,传统生产习惯及模式早已不能满足现代农业发展的诉求,减少用工量和降低劳动强度,以及对传统的耗时、费力、效率低下、资源浪费严重的种植方式的改革,发展一种高效集约、节约成本、节能、轻简高效的技术,已经成为全社会普遍关注的焦点,轻简高效栽培也应运而生[8,11]。目前的轻简栽培技术主要有轻简施肥技术、覆盖高效栽培技术、机械化栽培技术等。

(一)轻简施肥技术

轻简施肥以提高肥料利用率、减少肥料浪费现象为目标,主要体现在缓(控)释肥的使用,以及水溶肥、液体肥的水肥一体化。缓(控)释肥作为轻简施肥的一种物质载体,不仅养分的释放与作物的营养需肥规律相吻合,实现了一次性轻简施肥,节省了施肥用工,而且有利于提高肥料利用率,可以节约 1/3 以上的肥料资源[9]。缓(控)释肥的核心理念就是根据作物的各生长时期需肥量,以及耕地养分状况控制肥料养分释放的时间,施用后可有效提高肥料利用率,有效减少作物生产投入量,提高生产效率。

(二)精准施肥技术

目前精准施肥主要有机械条施、机械施肥枪穴施、滴灌施肥、压力水肥喷施,并向自动化、智能化迈进。对作物需肥数量的判断和控制,除实时监测系统外,还有光谱辐射技术和卫星遥感技术,作物的精准施肥从而得以实现[12]。

三、农业机械现代化

纵观化肥减施增效发展进程,世界各国化肥施用量皆呈现快速增长、达到峰值后保持稳中略降或持续下降的趋势,且多种先进现代施肥技术不断发展,配套机具快速应用推广,已基本实现全面机械化施肥作业。相对而言,中国化肥过度施用与农作物增产压力大、耕地基础地力低且利用强度高、农户生产规模小、施肥技术落后、机械化程度低等因素相关,同时与化肥生产经营脱离农业需求、化肥产品结构不合理、管理制度不健全等问题亦有重要关系。

(一)精准变量施肥装备与技术

精准变量施肥是将农田土壤进行空间网格单元划分,以各单元内历年农作物产量信息与多层数据(土壤理化性质、病虫草害、气候等)叠合分析为依据,以作物生长模型和作物营养专家系统为支撑,以高产、优质、环保为目的,因地制宜地进行全面平衡施肥的先进技术。作为精准农业重要组成部分之一,其是信息技术、生物技术、机械技术及化工技术的优化组合。

精准变量施肥技术伴随精准农业发展而得到快速应用与推广。20世纪60年代初,创立的地统计学方法为定量描述土壤空间奠定了基础,即通过数学插值方法准确获取土壤性状空间分布,但由于缺乏专业控制系统及配套机具无法满足空间变异施肥作业要求,仅部分农场根据土壤养分差异进行了单元施肥管理,此即为精准变量施肥的雏形。至20世纪90年代,随着现代信息技术高速发展,特别是全球卫星定位系统(GPS)、地面信息系统(GIS)、遥感技术(RS)、作物栽培管理技术、农业工程技术等现代先进技术在农业中得到应用,为实现空间变异精准操作奠定了可靠基础,精准农业随即诞生。精准变量施肥技术是精准农业最早应用的领域,经20余年发展,此项技术有效解决了土壤–作物–养分间的互作关系,引领精准农业技术进步。

(二)水肥一体化施用装备与技术

至20世纪80年代,行业内开始进行自动化灌溉施肥系统研发,设计了施肥罐、文丘里施肥器、水压驱动比例注肥器等部件,结合自动控制技术及计算机技术创制了多种智能现代滴灌施肥系统及设备,有效提高所施养分均匀性及水肥利用率。目前,行业内已在农业各领域全面推广此项技术,其应用面积占灌溉面积的67.9%;目前已形成了肥料配制、设备生产及示范推广服务于一体的完善滴灌施肥技术体系,特别是水肥精准控制系统研究十分先进,全自动智能灌溉施肥机,结合传感器技术、互联网技术、EC/pH

综合控制系统、气候控制系统、自动排水反冲洗系统等先进技术，可依据农作物类型及各生长期灌溉施肥特征，实时采集环境数据信息并检测水肥比例，经专家决策分析将肥料精准注入滴灌管道，配备水肥采样检测功能进行水肥浓度和流量自动化反馈调控，有效提高水肥耦合效率，实现水肥养分的全自动化管理。

(三)农业物联网技术

农业物联网是指通过农业信息感知设备，按照约定协议，把农业系统中动植物生命体、环境要素、生产工具等物理部件和各种虚拟"物件"与互联网连接起来，进行信息交换和通讯，以实现对农业对象和过程智能化识别、定位、跟踪、监控和管理的一种网络。农业物联网"人-机-物"一体化互联，可帮助人类以更加精细和动态的方式认知、管理和控制农业中各要素、各过程和各系统，极大提升人类对农业动植物生命本质的认知能力、农业复杂系统的调控能力和农业突发事件的处理能力。农业物联网备受世界各国的重视，也成为现代农业发展水平的标志，不过，农业物联网实践尚处于试验示范阶段。

当前，轻便型的智能农具很受欢迎，农具智能化推动了农业现代化进程，病虫害防治、土壤施肥、灌溉管理、收成预测等得到改善；同时，大量契合区域农业现状的智能系统被开发与推广，农作物的感知、监测效率得到提高，例如，稻瘟病发病得到及时感测与判断，相应的防治效率大大提高。温室农业高效生产体系，温度、湿度、光照等实现智能调节，经营管理(过程管理、收获管理等)实现智能化。通过构建"国家-省-农户"农业信息系统、建设涉农网站等，农民可以及时查询与本身经营活动相关的农业信息。综合农业科研与实践体系,在这一体系中,参与主体包括政府、高校、研究机构、农民组织及农业相关的机构等,以推动农业物联网发展为导向;淡水严重短缺的国家或地区,无线传感器网络(WSN)的应用使得农田墒情信息能够及时获得,实现了精准灌溉、智能灌溉,实现了水资源与人力成本的节约。

四、高质农产品生产的轮作休耕方式与配套政策和技术

轮作休耕是耕作制度(亦称农作制度)的一种类型或模式。

轮作是指在同一田块上不同年度间有顺序地轮换种植不同作物或以复种方式进行的种植方式,是农田用地和养地相结合、提高作物产量和改善农田生态环境的一项农业技术措施。例如,一年一熟的"大豆-小麦-玉米"三年轮作,这是在年间进行的单一作物的轮作;在一年多熟条件下,既有年间的轮作,也有年内的换茬,如南方的"绿肥-水稻-水稻-油菜-水稻-水稻-小麦-水稻-水稻"轮作,这种轮作由不同的复种方式组成,因此,也称为复种轮作。轮作制度,是指一个地区在一定时期(周期)内,由多种轮作方式相互组合、配套组成的轮作体系,即构成该地区在这一时期(周期)的轮作制度。实行合理的轮作、建立合理的轮作制度,具有多方面的经济效益、生态效益和社会效益。

休耕,亦称休闲,是指耕地在可种植作物的季节只耕不种或不耕不种。在农业生产上,耕地进行休闲(休耕),其目的主要是使耕地短暂休息、休养生息,以减少水分、养分的消耗,并积蓄雨水,消灭杂草,促进土壤潜在养分的转化,为以后作物生长创造良好的土

壤环境和条件。

基于我国粮食生产"十二连增"、相对高库存、国内外供求整体宽裕的现状,在保障国家粮食安全和不影响农民收入的前提下,我国提出《探索实行耕地轮作休耕制度试点方案》,2016 年在六大区域内的地下水漏斗区、重金属污染区、生态严重退化地区进行耕地轮作休耕制度试点工作,其中耕地轮作 33.33 万公顷,休耕试点 7.73 万公顷。2017 年又分别增加轮作耕地 66.67 万公顷和休耕耕地 13.33 万公顷。2018 年在东北地区的基础上,新增长江流域的江苏、江西两省的小麦和稻谷低质低效区,轮作耕地 133.34 万公顷;在地下水漏斗区、重金属污染区、生态严重退化地区的基础上,将新疆塔里木河流域地下水超采区、黑龙江寒地井灌稻地下水超采区纳入试点范围,休耕 26.67 万公顷,未来 3~5 年还要扩大试点。这是我国农村耕地制度的一次战略性改革,既有利于耕地休养生息和农业可持续发展,又有利于平衡粮食供求矛盾、稳定农民收入、减轻财政压力[13,14]。

(一)基于不同地区的轮作休耕模式

我国幅员辽阔,地形、地势复杂多样,通过地区分类来研究其耕作模式,主要从华北地区、东北地区、西北地区、华东地区和西南地区五个地区来研究[15](表 4-1)。

1.华北地区

京津冀地区现有农业发展方式主要造成了水土的不可持续利用,要以科学休耕为主要手段,加快转变农业发展方式。冬小麦-夏玉米的轮作体系是华北地区最主要的种植体系,可采取以冬小麦为核心的不同熟制和小麦与其他作物的间作套种模式。

2.东北地区

"粮豆轮作,控肥增效"是东北地区粮食丰产的亮点。其中,大豆–玉米–小麦轮作可使钾肥施用量减少以避免浪费;大豆–玉米和大豆–玉米–小麦两种轮作模式为东北黑土区大豆的栽培和施肥提供了技术支撑;大豆轮作–连作利于土壤细菌群落多样性恢复。

3.西北地区

西北地区深居内陆,实行休耕轮作对其农业发展意义重大。麦闲、麦玉、麦豆三种轮作模式利于土壤二氧化碳的排放,冬小麦–夏玉米、冬小麦–夏大豆、冬油菜–夏玉米和冬小麦–夏休闲这四种轮作模式下土壤有机碳含量、作物的碳吸收程度高,苜蓿–苜蓿、苜蓿–休闲、苜蓿–小麦、苜蓿–玉米、苜蓿–马铃薯和苜蓿–谷子这六种轮作模式对土壤物理性质的影响各不相同,冬小麦–春玉米轮作可提高土壤蓄水保墒效果和作物增产增收效应。

4.华东地区

华东地区位于中国东部沿海至内陆一带,其轮作模式有以下几种:小麦–水稻轮作模式,可提高种田效益;金花菜–番茄–莴苣轮作模式,可减少设施菜地氮素流失,且具有较好的经济效益;紫云英–水稻轮作模式,可增加太湖地区水稻生长季的温室效应;水稻–油菜轮作模式,可提高太湖地区的生产力和经济效益。

5.西南地区

西南地区农业生产水平相对较低,应综合考虑环境效益和经济效益,合理安排种植结构。玉米–油菜轮作模式,利于土壤二氧化碳的释放;蚕豆–水稻轮作模式,可减少氮素流失风险,控制农田面源污染。

表4-1　我国不同地区轮作模式及作用

地区	轮作模式	作用
华北地区	冬小麦-夏玉米	土地利用率高
东北地区	大豆-玉米-小麦轮作	钾肥施用量减少以避免浪费
	大豆-玉米、大豆-玉米-小麦轮作	为东北黑土区大豆的栽培和施肥提供了技术支撑
	大豆轮作-连作	利于土壤细菌群落多样性
西北地区	麦闲-麦玉-麦豆轮作	有利于土壤二氧化碳的排放
	冬小麦-夏玉米、冬小麦-夏大豆、冬油菜-夏玉米和冬小麦-夏休闲轮作	土壤有机碳含量、作物的碳吸收程度高
	冬小麦-春玉米轮作	提高土壤蓄水保墒效果和作物增产增收效应
华东地区	小麦-水稻轮作	提高种田效益
	金花菜-番茄-莴苣轮作	减少设施菜地氮素流失
	紫云英-水稻轮作	增加太湖地区水稻生长季的温室效应
	水稻-油菜轮作	提高太湖地区的生产力和经济效益
西南地区	玉米-油菜轮作	利于土壤二氧化碳的释放
	蚕豆-水稻轮作模式	可减少氮素流失风险，控制农田面源污染

(二)我国探索实行耕地轮作休耕制度试点方案(表4-2)

1.主要目标

力争用3~5年时间，初步建立耕地轮作休耕组织方式和政策体系，集成推广种地养地和综合治理相结合的生产技术模式，探索形成轮作休耕与调节粮食等主要农产品供求余缺的互动关系。

我国从2016年开始试行轮作休耕试点方案，面积逐年增大。2016年轮作面积为500万亩，休耕面积为116万亩；2017年轮作面积为1000万亩，休耕面积为200万亩；2016年轮作面积为2000万亩，休耕面积为400万亩；到2020年力争轮作面积达到

5000 万亩。

2.轮作休耕对提升土壤肥力的影响

臧逸飞等(2015)在中国科学院长武农业生态试验站种植豆科植物，使粮草长周期轮作与粮草短周期轮作较小麦连作增加了土壤有机质、全氮和碱解氮含量[16]。

贾倩等(2017)通过三年六季的田间定位试验，对比研究了水旱轮作(水稻/油菜)和旱地轮作(棉花/油菜)下氮肥用量对土壤有机氮含量及其组分的影响。结果表明，经过三年轮作后，周年轮作氮肥投入超过 300kg/hm²(以纯氮计，下同)的处理使 0~20cm 土层土壤全氮含量明显增加。与不施氮处理相比，周年氮肥用量为300kg/hm² 和 375kg/hm² 水旱轮作处理使 0~20cm 土层土壤全氮含量增加了 13.6%~23.5%，而旱地轮作处理则增加了 15.0%~23.0%[17]。

李小涵等(2008)利用黄土高原中部旱地 23 年的长期定位试验，研究了休闲、小麦连作、玉米连作、苜蓿连作、豌豆–小麦–小麦–糜子及玉米–小麦–小麦–糜子轮作六种作物种植体系，而两种轮作土壤的 0~20cm 土层土壤的轻质有机氮含量既高于玉米连作土壤，又高于小麦连作土壤[18]。

徐阳春等(2002)通过 14 年 29 茬稻–麦水旱轮作田间试验，研究长期连续定位施用有机肥料对土壤及不同粒级土壤颗粒中各形态有机氮含量与分配的影响。结果表明：长期施肥后土壤酸解有机氮总量比对照组增加 10%~34%。此外，其研究稻–麦水旱轮作时发现，经过 16 年 32 茬稻–麦水旱轮作后，表土层(0~5cm)土壤微生物碳、氮、磷含量比亚表层(5~10cm)分别高 27.5%、43.6%和11%[19]。

表4-2 2016—2018年我国轮作休耕情况

	2016年	补助标准	2017年	补助标准	2018年	补助标准
轮作	500万亩[a]	150元/亩	1000万亩[b]	150元/亩	2000万亩[c]	150元/亩
休耕	116万亩[d]	不同地点标准不同[e]	200万亩[f]	不同地点标准不同[g]	400万亩[h]	不同地点标准不同[i]

[a]内蒙古自治区100万亩,辽宁省50万亩,吉林省100万亩,黑龙江省250万亩。

[b]内蒙古自治区200万亩,辽宁省100万亩,吉林省200万亩,黑龙江省500万亩。

[c]在东北三省的基础上,新增长江流域的江苏、江西两省的小麦、稻谷低质低效区。

[d]河北省黑龙港地下水漏斗区季节性休耕100万亩,湖南省长株潭重金属污染区连年休耕10万亩,西南石漠化区连年休耕4万亩(其中,贵州省2万亩、云南省2万亩),西北生态严重退化地区(甘肃省)连年休耕2万亩。

[e]河北省黑龙港地下水漏斗区季节性休耕试点,500元/亩;湖南省长株潭重金属污染区全年休耕试点,1300元/亩(含治理费用);贵州省和云南省两季作物区全年休耕试点,1000元/亩;甘肃省一季作物区全年休耕试点,800元/亩。

[f]河北省黑龙港地下水漏斗区季节性休耕100万亩,湖南省长株潭重金属污染区连年休耕40万亩,西南石漠化区连年休耕40万亩(其中,贵州省20万亩、云南省20万亩),西北生态严重退化地区(甘肃省)连年休耕20万亩。

[g]河北省黑龙港地下水漏斗区季节性休耕试点,500元/亩;湖南省长株潭重金属污染区全年休耕试点,1300元/亩(含治理费用);贵州省和云南省两季作物区全年休耕试点,1000元/亩;甘肃省一季作物区全年休耕试点,800元/亩。

[h]在地下水漏斗区、重金属污染区、生态严重退化地区的基础上,将新疆塔里木河流域地下水超采区、黑龙江寒地井灌稻地下水超采区纳入试点范围。

[i]河北省黑龙港地下水漏斗区季节性休耕试点、新疆塔里木河流域地下水超采区、黑龙江寒地井灌稻地下水超采区,500元/亩;湖南省长株潭重金属污染区全年休耕试点,1300元/亩(含治理费用);贵州省和云南省两季作物区全年休耕试点,1000元/亩;甘肃省一季作物区全年休耕试点,800元/亩。

马伦兰等(2017)研究了云贵高原喀斯特地区苜蓿-小麦轮作后对小麦产量及土壤有机质含量的影响。结果表明,苜蓿-小麦轮作能够显著提高小麦的籽粒产量,与小麦-小麦连作比较,小麦籽粒产量增加了 26.83%；苜蓿–小麦轮作能够显著提高 0~10cm、10~30cm 土层的土壤有机质含量，与小麦–小麦连作比较，小麦播种前轮作体系中 0~10cm、10~30cm 土层的土壤有机质含量分别比小麦–小麦连作体系高出 42.47%、47.17%，小麦收获后轮作体系中 0~10cm、10~30cm 土层的土壤有机质含量分别比小麦–小麦连作体系高出 56.39%、54.60% [20]。

戚瑞生等(2012)通过对黄土旱塬地区长期定位施肥(26 年)，不同轮作系统的土壤磷素形态和吸持参数的测定，在施肥相同的条件下，小麦–玉米轮作和小麦–豌豆轮作可以显著提高土壤中各形态无机磷的含量，长期轮作较连作可以提高土壤中的有效磷养分，尤其对磷酸二钙的提高效果更为显著 [21]。

高菊生等(2013)对 30 年水稻–水稻–绿肥轮作的研究结果表明：绿肥还田可增加土壤有机质含量，提高土壤全氮、碱解氮含量，加速土壤矿化，促进水稻对磷素和钾素的吸收 [22]。

五、高质农产品生产产地环境污染防控与技术

（一）现状与需求分析

土壤是人类赖以生存的自然资源之一。土地是农业生产的基础，土壤环境是人类环境的重要组织成部分。我国土壤–作物系统污染问题已较严重。

污染物进入土壤–作物系统后，通过在土壤–作物系统中的迁移转化，最终在农作物的食用部分积累和残留，直接危害人体健

康,并对人民的生命安全造成严重威胁。党的十八大以来,党和国家高度重视环境保护工作,生态文明建设已成为总体布局之一,中央加大对突发性的重大环境污染事故的处置督察,突发性的重大环境污染事故发生率明显降低,但土壤污染的情况依然存在,且环境与资源约束趋紧,矛盾突出,严重影响农业农村可持续健康发展和乡村振兴战略的全面实施,人民对美好环境的需求更加强烈。

党的十九大明确提出"积极推进绿色发展,构建绿色技术创新体系""着力解决突出环境问题""强化土壤污染管控修复,加强农业面源污染防治,开展农村人居环境整治行动"。国家先后出台《关于实施乡村振兴战略的意见》《关于创新体制机制推进农业绿色发展的意见》《土壤污染防治行动计划》《中华人民共和国土壤污染防治法》等一系列政策措施,明确了要加强农业农村环境突出问题的综合治理,建立农业农村环境监测预警体系,构建支撑农业绿色发展的科技创新体系。

(二)农田重金属、有机污染等发展趋势与学科前沿

回顾国内外农业环境科学的发展历史不难发现,以往大量研究一直对农业环境的化学污染和生态破坏所造成危害与后果即"静态端点"比较重视,侧重于通过野外实地调查和小规模室内描述性模拟研究发现或查明农业环境污染对农业动植物和微生物以及人类本身的影响。例如,土壤环境污染造成的作物受害、减产和歉收情况,农药在蔬菜和畜禽肉蛋中的残留量,氮肥、磷肥施用所造成水体富营养化的严重程度等。20世纪90年代以来,由于人们认识到要解决、根除农业环境污染和生态破坏及其所造成的危害与后果,必须对被污染的农业环境系统与生态系统之间的相互

作用系统动态过程进行研究。因此,农业环境科学研究从对"静态端点"的末端治理问题的研究逐渐转向对"动态过程"的全过程研究,污染生态化学过程的研究逐渐成为研究的核心内容和农业环境科学的前沿领域之一。

从国际上污染生态毒理学发展趋势来看,水生生态毒理研究起步较早,20世纪70年代末国际上就开始系统对其进行了研究,80年代末出现了系统论述水生生态毒理的专著,至今已建立了许多成熟的研究方法。陆生生态毒理的研究则起步较晚。而且,以往对单因子污染的生态毒理效应研究较多,所要阐明的机制也比较简单。近年来,人们开始注重对更接近环境污染实际的复合污染毒性效应及联合毒性进行研究,所要阐明的机制相当复杂,特别是陆生毒性联合作用过程及其分子机制的研究,对于指导农业环境的生态安全调控具有重要科学意义,目前有关这方面的研究报道不多。

污染土壤修复的研究已成为国际环境科学研究的热点问题和前沿领域之一。大体上,污染土壤修复主要涉及化学修复、生物修复(微生物降解与植物修复)和化学-生物联合修复等方式。其中,污染土壤的化学修复研究开展较早,已取得了显著的进展;而污染土壤的生物修复研究非常广泛,国内外已有一大批科研人员从事此项工作,尽管已取得了许多成果,但也遇到了一些难以攻克的难题。例如,微生物修复对于多环芳烃等难以生物降解的有机污染物通常耗时冗长或无能为力;在土壤微生物、营养条件不适合的情况下,需要添加营养物质,引入外源微生物;目前国际上虽然报道的超富集植物已有400多种,但在这些超富集植物中,大多是镍超富集植物(约300种),此外还有钴(26种)、铜(24种)、硒(19种)、锌(16种)、锰(11种)和镉(1种)超富集植物,而具有同时超积累多种重金属的植物很少见报道。值得强调的是，土壤污染往往呈复合型，具有隐蔽性、积累性、滞后性和难处理性等特点。当前的修复技术可能只能解决其中某些污染物的问题，但对复合型污染土壤的修复还存在困难，尤其是土壤同时受到无机污染物和有机污染物污染时，已有的修复方法更是难以奏效。因此，目前各国均在开辟新的污染土壤修复途径，对化学-生物联合修复尤为重视。

多方面的资料表明，土壤介质中发生的吸附、沉淀、老化、络合/螯合以及生物降解等污染生态化学过程，是土壤污染缓解的重要基础。其中，吸附、沉淀、老化等过程与土壤重金属的钝化和固定有关。近年来，有关重金属污染物老化过程的研究在国际上已逐渐受到重视，但相关的报道仍然不多，在我国的研究报道也很少。又如，有机螯合剂和被螯合物可以形成生物体几乎不能吸收、积蓄的螯合物形式，这一点也是污染物解毒的重要机制。螯合剂加入土壤以后，可以降低土壤水溶液中化学污染物的浓度，从而起到缓解其生物学毒性的作用。土壤中存在的许多有机、无机络合剂，如腐殖酸、胡敏酸、氨基酸及活性官能团($-OH$、$-NH_2$、$-COOH$、$-SH$)等，会影响化学污染物在土壤环境中的多介质界面过程及其化学动力学。至于它们在对土壤复合污染毒性缓解中所起的作用如何，则并不清楚，有待进一步研究。

污染土壤的修复不同于污染水体的修复，土壤中的污染物难以移动和稀释，加上土壤类型、土地利用方式、区域环境气候和污染场地的空间差异，更需要发展场地针对性和专门化的修复技术与设备。国际上，污染土壤修复技术体系基本形成，虽然我国可以通过引进、吸收、消化、再创新来发展土壤修复技术，但是国内的土壤类型、条件和场地污染的特殊性决定了需要发展更多的具有自主知识产权并适合国情的实用性修复技术与设备，以推动土壤环境修复技术的市场化和产业化发展，保障和有效提升土壤生态环境质量，保护生态环境健康，推进农业可持续健康发展。当前，全球土壤修复产业市场容量约达万亿美元。发展我国土壤修复技术与设备，不仅是土壤环境保护与技术产业化的需要，而且是使我国这一新兴产业进入国际环境修复市场竞争的需要，也是全面提升我国土壤环境质量，推进农业健康发展，实现生态文明建设、美丽中国和乡村振兴目标的重大需求。

(三)目前亟须突破的技术瓶颈和难点

在高强度的资源和能源利用与污染物排放过程中，加之不科学合理的农业生产活动产生的内源性污染，导致我国土壤污染的范围比较大，土壤污染物的种类繁多，出现了复合型、混合型的土壤污染高风险区，呈现出从污灌型向与大气沉降型并重转变、城郊污染向农村污染延伸、局部污染向区域污染蔓延的趋势，而且部分地区出现了多种污染叠加的趋势；也呈现出从有毒有害污染发展至有毒有害污染与养分过剩、土壤酸化的交叉，形成点源与面源污染共存，生活污染、种植养殖业污染和工矿企业污染排放叠加，各种新旧污染与次生污染相互混合的态势，危及粮食生产与质量安全、生态环境安全和人体健康，迫切需要治理和修复。从研究和污染治理实践层面来看，呈现出：从单一型污染到多目标污染机制研究与治理应用转变；从单一污染物治理到多目标污染物综合治理转变；从单一治理模式选择到多模式集成组合治理转变；从点面污染防治向系统化、整体化防治转变；从防治污染到农田生态系统结构化调整、维护生态健康转变；从末端治理向全过程治理转变;从"重技术、轻体系"向"法律-技术-管理"三元体系转变;从污染治理向风险管控转变,实现防、预、育、用科学开发相结合等的特点。但现有技术存在成本高、局部化、短期化、前后工作衔接差等问题,系统性研发和集成应用严重不足,缺乏大规模应用的长效修复技术、产品和装备,以及易推广、可复制、经济的绿色修复模式,难以满足我国乡村生态振兴、农业绿色发展、生态文明建设及可持续发展的需求,也不足以为政府决策、市场和社会需求提供有力支撑。亟须突破如下方面。

1.农产品产地多目标污染生态效应

从微观层面,进一步明确大气-土壤-作物-水体系统以及土壤-作物系统中环境污染界面的分子过程、迁移转化、快速表征方法、积累的时空规律以及生态环境效应,特别是在分子水平上或者基因水平上的研究,发现作物重金属的抗性基因或疏导基因,为重金属污染指示作物或者抗性作物的选育提供机制。研究产地环境典型污染物在土壤中的生物有效性、转化动力学及其主控因子,研究典型污染物在产地环境中的剂量-效应特征、生态毒理和阈值,进一步明确和揭示土壤-作物-微生物系统中污染物的形态与微界面过程、有机污染物结合残留机制与迁移转化规律,从土壤环境多界面微域揭示有机污染物的残留动力学及有效性锁定与释放机制。突破有机污染农田单一修复技术的局限,优化组合多种修复技术,研发农田生物协同降解和生物电化学原位修复技术和装置,构建农田土壤动物-微生物联合修复技术与模式,以协同强化为基础开展微生物-动物、微生物-植物联合修复模式以及生态环境效应研究,建立农田生态系统中污染物的生态风险和安全性评价方法。

从区域尺度或流域尺度,开展重金属和有机污染物多介质界面、区域环境过程与调控机制研究,进一步揭示区域尺度、流域尺度范围内污染的迁移动力机制和时空规律。

2.农产品产地多目标污染物环境风险诊别技术

研发农产品产地典型危害物质多通道、高精度、多维度、多介质快速检测技术与装备,研发基于产地环境污染"风险识别-安全分级-响应决策"的天地空一体化监测预警技术及平台装备,研发大尺度农田土壤的目标污染物智能化快速检测诊断技术与设备、装备等。

3.污染农产品产地长效阻控与精准修复技术

研发产地环境污染物的快速识别技术和精准识别技术设备,根据区域生态资源与环境特征,通过技术参数优化,耦合集成,研发污染产地绿色高效环境友好型单一修复或者集成修复技术和环境功能材料产品,按照"一区一策"和"一田一策",实现污染产地分区、分类、分级治理。

4.污染农产品产地综合安全利用技术

针对我国农用地土壤重金属、农药等污染问题,需要研发土壤-农作物系统污染临界评价方法,研究制订土壤安全生产阈值,形成产地土壤质量安全风险评估体系和农作物安全高效种植区划分与表征技术;筛选耐性强、产量大、附加值高的经济作物、观赏植物、纤维类植物,研发规模化替代栽培技术;开展替代植物资源化无害化安全利用技术研究;研发生物质资源化高效炼制与安全利用技术及工艺装备,形成化学-植物-微生物联合修复模式及产业化技术体系。同时注重加强农田污染物对地下水生态影响的研究与预防,研发农田绿色生产技术体系,确保农业绿色发展。

5.污染农产品产地生态功能提升技术

开展污染产地生态系统胁迫压力-响应机制研究,研发开展不同污染产地生态系统典型生物消长机制与调控关键技术，揭示土壤-作物-微生物体系自然修复和强化修复机制；研究基于农田生态系统的动物-植物-微生物三维物质能量供需循环转化与调控机制，开发绿色清洁化生态化利用技术、生态功能增值技术；以产地环境安全为目标，开展农田生物多样性利用与农艺综合措施优化强化技术研究与应用等。

6.污染与修复评价

开展典型种植制度下农田污染因子监测与评估指标体系建立的研究，并争取建立区域农田典型污染物的全方位采样技术规范、检测技术手段及标准体系研究，通过危害因子识别及危害评估技术、污染物迁移转化主控因子量化评价、农作物安全种植环境评估等技术手段，建立典型种植制度下农田典型有机污染物危害因子评估指标体系。

六、高质农产品生产土壤典型污染物治理与暴露风险减控技术

（一）土壤典型污染物

土壤污染物是指使土壤遭受污染的物质。其来源极其广泛，主要包括来自工业和城市的废水和固体废弃物、农药和化肥、牲畜排泄物、生物残体以及大气沉降物等，另外，在自然界某些矿床或元素和化合物的高集中区域周围，由于矿物的自然分解与风化，往往形成自然扩散带，使附近土壤中某元素的含量超出一般土壤含量。土壤污染可以分为化学污染、物理污染、生物污染和放射性污染

等。其中以化学污染最为普遍,包括无机污染物和有机污染物。无机污染物是指对动植物有危害作用的元素和化合物,主要有汞、镉、铜、锌、铬、铅、砷、镍、钴、硒等重金属;有机污染物主要是有机农药,包括有机氮类、有机磷类、氨基甲酸酯类等。此外,石油、多环芳烃、多氯联苯、洗涤剂等也是土壤中常见的有机污染物。

(二)土壤污染物暴露途径

国外土壤污染防治历程表明,土壤污染防治是基于风险的理念进行管理和治理的,风险包括三个要素,即污染源、暴露途径和受体。污染源就是土壤中的污染物,受体通常是人或生态环境,暴露途径是土壤污染物进入人体或生态环境。由于土壤污染治理是基于风险的策略,我们可以通过切断受体与污染物的暴露途径,从而达到控制风险的目标。土壤的修复模式可以分为治理修复和风险管控两种类型。根据修复过程中土壤空间位置是否发生移动,可以分为原位修复和异位修复。原位修复是直接在原地对土壤进行处理,异位修复则是把污染土壤从原位移出进行处理(包括原场地内部处理和异地处理)。土壤修复原理包括物理、化学、生物、热处理等。修复技术还可根据运行和成本数据的充分性与可获性,分为成熟的技术和创新的技术。

一个污染事件需要污染源、受体和暴露途径三者的共同存在。土壤修复技术便是通过阻隔技术切断"污染源–暴露途径–受体"链或者通过物理、化学或生物的方法去除土壤中的污染物或改变污染物赋存形态,降低其溶解性、毒性、迁移性和累积性,满足相应土地利用功能要求的技术和工艺方法。土壤与人体之间,存在着多条暴露途径。

1.食物链途径

民以食为天,自然食物链途径是影响人体健康的最重要途径。土壤污染影响人体健康的案例最典型的是发生在20世纪初并延续到20世纪中期的被列为世界环境公害事件的日本富山县神通川流域的骨痛病(又称痛痛病),当地的稻田所用的灌溉河水被上游矿山流出的废矿水所污染,土壤因此被重金属污染,稻米中积累了高量的镉,长期食用这种"镉米"会使镉在人体内积存,导致人体出现骨痛、骨骼软化、脊柱变形、骨质疏松,疼痛无比,从而给人体健康带来严重后果。

2.土壤途径

人体可通过在室外或者室内吸入土壤颗粒、食入土壤颗粒,以及在室外或者室内与土壤的直接接触等途径, 使土壤污染物进入人体,影响健康。

3.气体途径

污染土壤通过有毒气体在室内或者室外挥发而影响人体健康。在场地污染的情况下,未进行全面的土壤污染治理就直接进行住宅建设,污染就有可能通过气体途径危害人体健康。未曾进行土壤治理而直接建设住宅,导致住宅存在有毒气体污染的例子也不少。对于挥发性有机毒物,气体途径不可忽视。

4.水途径

此外,污染土壤中的某些污染物质可溶于水,可以通过饮用、洗澡和蒸汽接触等途径进入人体,影响健康。也可以通过农田灌溉等农作方式,进入农作物生产体系,进而进入食物链系统,在农产品中累积,对人类健康造成危害或者潜在威胁。

（三）治理技术

1.土壤重金属修复技术发展状况

（1）物理修复技术

• 客土法和换土法

对于污染不严重、取土方便的污染土壤,可以将适量清洁土壤添加到污染土壤中,从而降低污染土壤的重金属污染物的浓度。客土时,尽量选择与污染土壤理化性质相近的清洁土壤,以便植物能较快适应生长。换土法是将污染土壤刨去,更换新鲜的清洁土壤。换土法速度快,但成本较高。该方法适用于重金属污染严重的农业和工业场地土壤的修复。

• 深耕翻土法和隔离包埋法

深耕翻土法是指对土层较深且污染较轻的土壤,通过深耕将上下层的土壤混合,从而使表层土壤污染物浓度降低,但下层土壤的营养元素和有机质较少,需要在耕种时补充一定量的有机肥。隔离包埋法是指对污染较重的土壤,在污染区域的四周和底部修建混凝土钢筋水泥隔离墙,防止污染土壤的有毒滤液渗透到周围土壤和地下水造成污染,但所用隔离墙的渗漏系数必须极小。

• 热力恢复法

热力恢复法主要是针对熔点较低或挥发性较强的重金属（如汞)污染的土壤。该技术将高频电压作用于污染土壤,通过高频电的加热作用,使土壤温度升高进而导致重金属挥发,再回收利用,从而达到修复土壤的目的。对于重金属污染较严重的土壤,经过热力恢复法处理后,一般需要与植物修复技术或客土修复技术结合,利于土壤恢复耕作属性。

● 电动修复法

电动修复法的原理为阴极和阳极垂直放置于土壤中，在低功率直流电场下，发生了土壤孔隙水和带电离子的迁移，土壤中的重金属离子发生定向移动，富集在相应的极区，再通过沉淀、抽出或离子交换等方法去除。电动修复技术是修复污染土壤的新技术，目前已经逐渐进入实际应用阶段。由于该方法主要是通过电渗析、电迁移、电泳等驱动污染物富集于极区，再将污染物进行分离，故其具有成本低、环保等特点，其对重金属的去除效率高，可用于原位或异位、饱和或不饱和污染土壤的修复，适用于小区域的重金属污染黏质土壤修复。

（2）化学修复技术

化学修复技术是指利用化学手段，如氧化还原、沉淀聚合、络合吸附等反应改变土壤中重金属的迁移状态和生物活性，减少植物对重金属的吸收。主要包括化学改良修复法、化学淋洗修复法、原位钝化修复技术等。

● 化学改良修复法

化学改良修复法是指在土壤中加入低毒或无毒的化学物质，通过化学反应改变土壤的物理、化学性质，降低土壤中可迁移的重金属含量。目前常用的化学改良剂主要有磷酸盐、石灰、沸石、赤泥、草木灰、钙镁磷肥、生物堆肥、泥炭、畜禽粪便、纯碱、草酸、生物炭等。对于铅、铬、镉等重金属污染土壤，可采用磷酸盐、硅酸盐或石灰等改良剂使重金属钝化形成难以迁移的沉淀状态；对于铅、锌矿区附近污染土壤，施加过磷酸钙、钙镁磷肥有助于形成难溶性的磷铅矿沉淀。在重金属污染土壤修复与改良实践中，对于酸性土壤，可使用草木灰、碳酸氢铵、农家氨肥和石灰进行改良；对于碱性土壤,可使用低浓度醋酸、硫黄、石膏粉、沼液等进行改良。

- 化学淋洗修复法

化学淋洗修复法是指用淋洗液去除土壤中重金属污染物的过程,即利用淋洗液把土壤中固相的重金属转移为液相,再把富含重金属的废水进一步回收处理的土壤修复方法。淋洗法可用于大面积、重度污染土壤的治理,尤其是在轻质土和沙质土中效果较好,但对渗透系数很低的土壤效果一般。目前,用于淋洗土壤的淋洗液较多,包括无机淋洗剂、螯合剂和表面活性剂等(Peng 等,2009;Ak-cil 等,2015)。淋洗技术的关键是寻找一种既能提取各种形态的重金属,又不破坏土壤结构的高效淋洗助剂。

- 原位钝化修复技术

原位钝化修复技术是一种经济高效的面源污染治理技术,符合我国可持续农业发展的需要。尤其对于中轻度重金属污染的农田,可实现"边生产边修复",在保证农产品安全的前提下实现了正常的农业生产,大大降低了修复成本,具有较好的应用前景。

该技术根据农田土壤中重金属的种类、含量、形态等因素,配置重金属稳定化药剂,通过添加稳定化药剂,与土壤中重金属发生氧化还原反应、共沉淀反应、分子键合反应和矿化作用,将土壤中的离子态、碳酸盐和铁锰氧化态的重金属转化为残渣态的重金属,包括重金属的单质形态、多金属羟基共沉淀物形态、硅酸盐和硅铝酸盐形态等。通过钝化技术显著降低土壤中重金属的生物有效性,阻止重金属向农作物地上部迁移,降低农作物中重金属的含量,保障粮食作物的安全生产。

农田土壤重金属钝化的关键是选择合适的钝化材料,一般要满足以下几个方面的要求:①材料本身不含或很少含重金属,不存在二次污染的风险;②材料的成本较低;③材料对重金属的固化或稳定化效果显著且持久。

(3)生物修复技术

生物修复技术是指利用生物(植物、动物、微生物)的生命代谢活动,减少土壤环境中重金属的浓度或使其完全无害化,达到国家标准,从而能够修复受污染土壤的一种方法。相同的表达有生物清除、生物再生或生物净化。生物修复技术分为植物修复、动物修复、微生物修复。生物修复技术与物理、化学修复技术相比,具有成本低、二次污染少、绿色环保等特点,已成为当今重金属污染土壤修复领域的研究热点,并已应用于一些污染场地的实地修复。

• 植物修复技术

植物修复技术是一种用于清除环境中有毒有害污染物的绿色修复技术,拥有原位性、成本低、环境友好、不破坏土壤结构等特点,还可以改善土壤生态环境,适合于重金属中轻度污染土壤的修复,也可实现"边生产边修复",植物修复技术一般分为植物萃取(提取)、植物稳定、植物挥发三种类型。目前我国重金属污染土壤植物修复仍处于研究和小规模的示范阶段,但集众多优点的植物修复技术在农田土壤修复方面将有广阔的应用前景。如利用水稻吸收和累积重金属的种类或品种间的差异,采用对重金属具有低累积的品种,在重金属轻中度污染的土壤上进行农业生产,以得到达标农产品,是轻中度重金属污染土壤持续生产安全农产品的一条经济、有效的途径,是国际上新的研究方向。通过培养选育重金属低累积型作物品种,结合作物对重金属的吸收规律和原理,原位添加钝化剂降低土壤重金属的活性,利用重金属低累积型的农作物在重金属轻中度污染的土壤上进行农业安全生产。

● 动物修复技术

动物修复技术是指利用某些动物的吸收、转化、分解等直接或间接地改善土壤理化性质,提高土壤肥力,促进动物、植物和微生物在污染土壤环境的生长,从而修复土壤。蚯蚓、虹蝴、线虫是常用的重金属污染土壤修复动物。其中蚯蚓是最常用的修复动物,能够改善土壤结构、提高土壤透气性、增加土壤肥力,从而有利于超富集植物的生长,同时蚯蚓本身也具有一定的富集重金属的能力,通过收集蚯蚓粪便和定期收割超富集植物茎叶,可以达到安全环保地降低土壤重金属含量的目的。

● 微生物修复技术

微生物修复技术是指利用土壤中的藻类、细菌、真菌等微生物对污染土壤中的重金属进行吸收、转化、氧化还原、螯合沉淀等,从而降低土壤中的重金属含量。微生物含有的生物糖、生物酸能够螯合重金属,微生物代谢过程中的分泌物也具有一定的络合螯合、沉淀聚沉、氧化还原重金属的作用,因而能改变污染土壤中的重金属迁移状态和生物有效性。微生物修复技术具有不影响土壤的结构特性、可原位修复、环境友好、成本低等优势。为提高降解效率,常常在土壤中接种与土壤重金属相关的特定种类微生物,培育使其成为污染土壤中的优势物种。

(4)稳定化修复与农艺调控复合修复技术

固化稳定化药剂用于土壤中,可将土壤中的有毒重金属固定起来,或者将土壤中的重金属转化成化学性质不活泼的形态,阻止其在环境中迁移扩散。高效的固化稳定化药剂可降低土壤中重金属的活性,其可通过物理化学方法包裹固定土壤中的重金属。固化稳定化技术在重金属污染废渣治理和重金属污染场地修复上的应用效果非常显著。在农田土壤重金属污染修复中,应用稳定化药剂降低土壤中重金属的活性,将重金属的活化态转变为非活化态,降低其在土壤中的迁移能力,再结合农艺生态调控技术,通过合理的水分管理、肥料管理及耕作制度调整等措施来降低作物对重金属的吸收和累积,可实现作物中重金属含量达标生产,有效降低重金属进入食物链的风险。

2.土壤有机污染物修复技术

(1)有机物污染土壤物理治理技术

物理治理技术主要包括挖掘填埋法和通风去污法。挖掘填埋法是最为常见的物理治理方法,该方法是将受污染的土壤通过人工挖掘将其运走,送到指定地点填埋,以达到清除污染物的目的。然后再将未受污染的土壤填回,以便能重新对土地进行利用。这种方法显然未能从真正意义上达到清除污染物的目的,只不过是将污染物进行了一次转移,且费用高,但是对一些特别有害物质的清除,采用这种方法还是可行的。

土壤通风去污技术的原理在于当液体污染物泄露后,它将在土壤中产生横向和纵向的迁移,最后存留在地下水界面之上的土壤颗粒和毛细管之间。由于有机烃类有着较高的挥发性,因此可采用在受污染地区打井引发空气流经污染土壤区,使污染物加速挥发而被清除。

(2)有机物污染土壤化学治理技术

1)化学焚烧法

化学焚烧法是最为常用的有机物污染土壤的治理方法,该方法系利用有机物在高温下易分解的特点,在高温下焚烧以达到去除污染的目的。该方法虽然能够完全分解污染物达到去除污染的目的,但在去除污染的同时,土壤的理化性质也遭到了破坏,使土壤无法获得重新利用。

2)化学清洗法

化学清洗法是指用一定的化学溶剂清洗被有机物污染的土壤,将有机污染物从土壤中洗脱下来,从而去除污染物。

• 表面活性剂清洗法

由于表面活性剂能改进憎水性有机化合物的亲水性和生物可利用性,因而被广泛应用于土壤及地下水有机物污染的化学和生物治理中。常用于有机物污染的化学清洗的表面活性剂有如下几种:非离子表面活性剂(如乳化剂 OP、Tritonx-100、平平加、AEO-9等)、阴离子表面活性剂(如十二烷基苯磺酸钠 SLS、AES 等)、阳离子表面活性剂(如溴化十六烷基三甲铵)、生物表面活性剂以及阴-非离子混合表面活性剂。

• 有机溶剂清洗法

除表面活性剂外,有机溶剂也可用于清除土壤中的有机污染物。Sahle-Demessie 等用有机溶剂萃取方法治理被农药污染的土壤,效果较好。他们采用甲醇、2-丙醇等溶剂萃取清洗土壤中高浓度的 p,p'-DDT、p,p'-DDD、p,p'-DDE。当溶剂与土壤比例为1:6时,去除农药效果达到99%。

• 超临界萃取法

除了表面活性剂和有机溶剂用于清除有机污染物外,超临界萃取技术也被用于土壤污染物的清除。

• 光化学降解法

光化学降解法在 20 世纪 80 年代后期开始用于环境污染控制领域,与传统处理方法相比,其具有高效和污染物降解完全等优点，逐渐受到人们的重视。目前光化学降解主要用于水污染的治理。光降解用于土壤污染的治理主要集中在农药的降解研究上，因为农药的光降解是衡量农药毒害残留性的一个重要指标。

3）化学栅防治法

化学栅是近 10 年来开始受到人们重视并应用于土壤防治的新型化学防治土壤污染的方法。化学栅是一种既能透水又具有较强吸附或沉淀污染物能力的固体材料（如活性炭、泥炭、树脂、有机表面活性剂和高分子合成材料等），放置于废弃物或污染堆积物底层或土壤次表层的含水层，使污染物滞留在固体材料内，从而达到控制污染物的扩散并对污染源进行净化的目的。

根据化学材料的理化性质，化学栅可分为三种类型：①使污染物在其上发生沉淀的化学栅称为沉淀栅；②使化学污染物在其上发生吸附的化学栅称为吸附栅；③既有沉淀作用又有吸附作用的化学栅称为混合栅。

（3）有机物污染土壤微生物治理技术

微生物治理技术是利用生物的生命代谢活动减少环境中有毒有害物质的浓度或使其完全无害化，从而使污染的土壤环境能部分或完全地恢复到原初状态。方法主要有三种：①原位治理方法；②异位治理方法；③原位-异位联合治理方法。微生物治理方法有着物理、化学治理方法无可比拟的优越性。其优点主要表现在以下几个方面：①处理费用低，其处理成本只相当于物理、化学方法的1/3~1/2；②处理效果好，对环境的影响低，不会造成二次污染，不会破坏植物生长所需要的土壤环境；③处理操作简单，可以就地进行处理。

（4）有机物污染土壤植物治理技术

植物对有机污染物的去除机制有三个方面：①植物对有机污

染物的直接吸收；②植物释放的分泌物和酶刺激微生物的活性加强其生物转化作用，此外有些酶也能直接分解有机污染物；③植物根区及其与之共生的菌群增强根区有机物的矿化作用。植物治理有机污染物相比于微生物降解而言，其更易于就地处理且异常方便，因而近些年来，关于植物对有机污染物的治理研究较多，有的已达较高的实际利用水平。

七、农业生态健康指标体系建设现状

（一）农业生态系统健康的概念

农业生态系统健康是指农业生态系统免受发生"失调综合征"、处理胁迫的状态和满足持续生产农产品的能力[23]。具体来说，它至少包括以下内容[24]。

（1）农业生物健康，即高产、高抗和优质的品种，无病原微生物，无恶性入侵生物或害虫，无转基因物种风险等。

（2）土壤健康，即无养分亏缺或养分冗余，无污染。

（3）农业水环境健康，即无污染，无化学异常，无亏缺与冗余（干旱与洪涝）。

（4）大气环境健康，即无污染，无化学异常（如酸沉降）。

（5）农业生态系统结构和谐，即合理的物种空间配置和时间配置，适度的生物多样性，农作物无构件冗余（如茎叶冗余、根系冗余等）。

（6）具有持续的农业生产力（产量）和一定的抗灾（如天气灾害、病虫害等）能力。

（7）具有物质源–汇、小气候调节、空气调节、对周围系统不输出或少输出废物等健康的环境服务功能。

（8）生产安全、无污染、有营养的健康产品。

（二）我国关于生态系统健康评价指标的研究概况

1. 农业生态系统评价指标分级标准

一般来说，评价农业生态系统需要一套综合评价指标体系，即由一系列相互联系、相互制约的指标组成的科学完整的评价指标总体。评价指标分级标准需要考虑多种指标，如彭涛等通过微观与宏观相结合的综合评价方法，评价指标标准主要采用通用方法和国家标准来分级，分为很健康、健康、较健康、一般病态、疾病五个级别[26]（表4-3）。

表4-3　农业生态系统评价指标分级标准

指标	级别				
	很健康	健康	较健康	一般病态	疾病
作物多样性	存在间、套、轮作，多样性指数>1.585	存在间、套、轮作，多样性指数≤1.585	两作二热多样性指标≤100	一作一热，多样性指数为0	一作一热，多样性指数为0
品种结构①	5	4	3	2	1
农田表现格局	优	好	比较好	差	很差
土壤供肥能力	一级	二级	三级	四级	五级
土壤供水能力	降水满足率≥70%,地下水埋深≤5m	降水满足率60%~70%,地下水埋深5~10m	降水满足率50%~60%地下水埋深10~20m	降水满足率40%~50%地下水埋深20-40m	降水满足率≤40%地下水埋深≥40m
土地退化度	各项指标好于一级的10%以上	各项指标好于一级的5%~10%	一级	二级	三级

（待续）

表 4-3(续)

指标	级别				
	很健康	健康	较健康	一般病态	疾病
土壤重金属含量	一级	二级	三级	四级	五级
水体质量等级	Ⅰ	Ⅱ	Ⅲ	Ⅳ	Ⅴ
大气质量	一级	二级	三级	四级	五级
农药残留量	几乎检测不到农药残留,残留量低于最高残留限量的10%	残留在最高残留限量的规定范围以内	残留较多,为最高残留限量的1~2倍	残留明显,为最高残留限量的2~10倍	残留显著,为最高残留限量的10倍以上
光热水效率	为理论值的50%以上	为理论值的40%~50%	为理论值的20%~40%	为理论值的10%~20%	≤理论值的10%
土地生产率②	≥1500	1000~1500	600~1000	300~600	≤300
能量产出率	投能结构合理,能量产出率≤3	投能结构合理,能量产出率3~6	投能结构比较合理,能量产出率6~8	投能结构不合理,能量产出率8~10	投能结构不合理,能量产出率≥10
劳动生产率③	≥2000	1200~2000	800~1200	500~800	≤500
生态适应性	强	比较强	中等	弱	不适应
生产力稳定性	生物量基本没有变化或略有减少,减少率≤5%	生物量减少,减少率为5%~15%	生物量明显减少,减少率为15%~30%	生物量显著减少,减少率为30%~50%	生物量显著减少,减少率≥50%
抗逆能力④	≤10%	10%~20%	20%~40%	40%~60%	≥60%
政策效率	政策合理,实施成本低,产出满意	政策合理,实施成本,产出比较满意	政策比较合适,实施成本比较高,产出比较满意	政策不合理,实施成本高,产出不满意	政策错误,实施成本高,产出很不满意

注:①同种作物的品种数;②作物产量(kg)/666.7m²;③年人均产量(kg);④成灾率

2.生态系统健康评价的指标筛选

生态系统健康评价的指标主要包括以下三类[25]。

(1)土壤子系统指标:共 15 个,其中土壤物理指标 5 个,包括质地、土层厚度、容重、团聚体、持水量;土壤化学指标 8 个,包括有机质、全氮、速效氮、有效磷、有效钾、电导率、氧化还原电位、阳离子交换量;土壤生物指标 2 个,包括微生物和土壤呼吸。

(2)作物子系统指标:共 8 个,包括出苗率、根系深度、病虫草害发生率、根系活力、产量、生物量、作物多样性、品种结构。

(3)环境子系统指标:共 6 个,包括土壤硝酸盐、土壤重金属、土壤农药残留、土壤侵蚀模数、地下水位、土壤碳汇平衡。

3.我国不同区域生态系统健康评价的土壤、作物指标体系

基于土壤物理、土壤化学、土壤生物、作物生长、作物结构、环境影响 6 个方面,对我国东北平原、华北平原、长江流域平原农业生态健康评价指标如下[25](表 4-4)。

表 4-4 我国不同区域农业生态健康评价指标

区域指标	东北平原	华北平原	长江流域平原
土壤物理	容量	容量	容量
	持水量	持水量	质地
	质地	土层厚度	土层厚度
	团聚体	质地	团聚体
	土层厚度		
土壤化学	有效钾	有机质	有机质
	有机质	有效钾	有效钾
	有效磷	有效磷	有效磷
	速效氮	速效氮	速效氮
	阳离子交换量	全氮	全氮
	全氮	阳离子交换量	氧化还原电位
			阳离子交换量

(待续)

表 4-4(续)

区域指标	东北平原	华北平原	长江流域平原
土壤生物	微生物量	微生物量	微生物量
		土壤呼吸	土壤呼吸
作物生长	出苗率	病虫害发生率	病虫害发生率
	病虫害发生率	产量	产量
	产量	出苗率	根系活力
	根系活力	根系活力	出苗率
	根层深度	根层深度	根层深度
		生物量	
作物结构	作物多样性	作物多样性	作物多样性
	品种结构	品种结构	品种结构
环境影响	土壤农药残留	土壤农药残留	土壤农药残留
	土壤重金属	土壤重金属	土壤重金属
	土壤硝酸盐	土壤硝酸盐	土壤硝酸盐
	地下水位	地下水位	地下水位
	土壤侵蚀指数		

第五章

我国农业环境污染防控
对策与科技研究思路

一、农业环境污染防控对策

(一)政策体系方面

针对我国农业污染的现状和特点,瞄准农业污染的突出问题,提出综合性建议。

一是完善法律法规,提高法律法规的可操作性。首先要构建农用地膜污染防治法律法规体系,研究制订农用地膜管理办法,完善农用地膜产品标准,提高准入标准,鼓励回收农用地膜。按照"谁购买谁交回、谁销售谁收集、谁生产谁处理"的原则,建立健全地膜生产者责任延伸制度,探索基于市场机制的回收利用机制。其次要构建农业面源污染防治法律保障体系,制订出国家层面、综合性的农业面源污染防治法,针对化肥、农药、畜禽粪污、秸秆、地膜等不同的污染源类型,出台专门的实施细则、施用规范,或者控制或限量标准,同时注重条款的可操作性,强化技术推广与法制宣传同步化。最后要构建农业生态补偿机制与法律体系,把握国务院正在研究制订《生态补偿条例》的契机,争取在条例中设立"农业生态补偿"专章,同时抓紧研究制订农业生态补偿实施办法,做好与相关法律法规的衔接配套,更要鼓励和指导地方出台规范性文件或地方法规,不断推进农业生态补偿的制度化和法制化,进一步强化风险管控意识,提高防治农业环境污染的法律意识和行为。

二是加大投入力度,拓宽融资渠道。建立并完善相关配套政策,把农业生产与生态环境保护相挂钩,对畜禽粪便、养殖废水、秸秆等农业废弃物资源化利用以及生物防治、物理防治、精准施药等环境友好型农业生产技术纳入农业清洁生产技术补贴清单,促进农业生产方式转变。加大绿色金融政策实施和扶持力度,通过稳定降息、降税、免息、免税等经济手段,引导农业企业和生产者加大绿色环保型农业生产技术、产品和设备等投入,同时建立市场引入机制,扩展融资途径,吸纳社会、企业、个人等资金资本进入,形成政府、社会、企业、民间等多方资金投入渠道,形成全社会共同投入的氛围。

三是构建科技保障体系,不断提升支撑能力。围绕农田生物多样性保护,农产品产地土壤重金属污染防治,化肥、农药、秸秆、农用地膜、畜禽粪污等污染防治,建立配套科技支撑体系,提高农业科技进步贡献率。重点支持对面源污染快速精准识别、诊断、监测、防治有重大作用的关键技术和集成技术,提高农业污染防治技术水平。

四是以生态农场(园区)为实施主体,开展综合试点示范。在国家粮食主产区、畜禽养殖优势区、现代农业示范区、设施农业重点区等区域,以区县为单位,因地制宜,统筹规划,建立生态农场(农业污染防治综合示范园区等)、家庭生态农场、生态农庄,综合考虑农业产前、产中、产后关键环节,集成应用农药减量、控害、增效技术,减少农药投入量;集成保护性耕作、测土配方施肥、缓(控)释肥等减量施肥技术与节种、节水、节地等节约型技术,发展节约型种植业;建设农田氮磷生态拦截沟、植物篱、坡耕地径流集蓄与再利用工程等,实现地表径流氮磷拦截与再利用;集成畜禽生态养殖、标准化养殖、畜禽粪便资源化利用技术,发展生态循环畜牧业;集成工厂化、标准化高效循环水产养殖技术,发展生态水产养殖业;集成农作物秸秆、畜禽粪便等废弃物资源化循环利用关键技术与模式,实现农业废弃物循环利用。

　　五是加强监测预警,提高公众环保意识的提高。完善农业生态环境监测制度,建立健全农业生态环境监测体系,强化国控点的科学布局和建设力度。利用现代信息技术手段,建立农业环境监测预警平台、环境友好型技术与产品的信息交换平台,并以此为着力点,做好农业资源环境的基础建设,以适当方式及时发布农产品产地的生态环境状况、所生产产品的质量安全状况,以引导生产者正确从事农业生产,同时用消费者的知情权和选择权来推动农业生产者保护和改善农业生态环境。同时,要充分利用报纸、广播、电视、新媒体等途径,加强农业绿色发展的科学普及、舆论宣传和技术推广,让社会公众和农民群众认清农业绿色发展的重大意义。推广普及化害为利、变废为宝的清洁生产技术和污染防治措施,让广大群众理解、支持、参与到推动农业绿色发展中来。尤为重要的是,生产者各项绿色发展技术的示范现场、田间学校等培训方式,形成农民、农业生产的新动能。

　　六是深化国际交流与合作,共享国际成果和经验。农业资源环境影响食品安全、生物多样性、脱贫和气候变化等方方面面,应该充分加强与国际组织、国外政府和非政府组织的合作与交流,主要是政策、技术规定、标准、污染防治的科技、人才、管理经验的引进和借鉴等,包括外资在农业环境保护领域的试点和示范等。用风险管控、清洁生产理念和生态补偿措施,引导和改变传统农业生产方式,防治农业面源污染,实现农业与环境资源的和谐发展,在许多发达国家已经获得成功。目前世界银行等机构在我国开展的气候智慧型农业、面源污染治理、草原等方面的实践奠定了良好的合作基础。

(二)行业发展方面

针对种植业、畜禽养殖业、水产养殖业中污染原因以及防控措施的不足,提出具体建议。

肥料方面,加强新型绿色环保肥料的研发,有效提高氮肥的利用率,减少氮肥的损失率,同时加强施肥技术研发和推广;加强测土配方施肥、精度变量施肥等农业技术,提高农民的科学施肥意识;发展精准化、智能化、集成化施肥机械,使施肥技术更加轻简化,便于农民应用;发展高效育种技术,限制育种田的供氮水平,或者氮肥使用量控制在 120~150kg/hm² 的水平,可能有助于提高新品种的氮肥利用率。

农药方面,发展绿色化学农药,尤其是超高效、高选择性、无毒或低毒且能迅速降解的绿色化学农药;加大剂型研究力度,通过对农药作用机制、靶标行为特点等的研究,开发高效的农药新剂型来实现保证防效、减少成本和环境污染的目的,同时从生态环境角度考虑,提高农药的环境相容性;农药助剂的研究是提高防效、减少农药使用量和降低成本的有效方法之一,生产加工过程选择合适的助剂,可大大提高制剂的质量;加强精准、精量施药器械研究、推广和管理,走植保机械专业化的道路,提高我国农药利用率;强化施药技术研究和正确的施药方法,低量喷雾技术、静电喷雾技术、防飘喷雾技术、循环喷雾技术、药辊涂抹技术、计算机扫描施药技术、风助喷雾技术和定向跟踪除草技术等施药技术已取得良好的实践效果,应持续强化适合我国的相应技术研究;组织实施综合防治技术应用推广,实施好从选用良种、科学栽培、改制到推广使用高效、低毒、低残留安全新农药,以及应用新技术综合防治农作物病虫草鼠的措施,最大限度降低危害。

秸秆方面,为全面破解秸秆禁烧难题,坚持"区域秸秆全量利用"的工作思路,即通过"区域统筹、因地制宜、用还结合、政策引导、市场运行"的原则,将秸秆"五料化"利用技术进行优化组装集成,构建适合区域特点的全量利用技术模式。一是估算区域秸秆资源与可收集利用量。依据对区域内作物种类、播种面积、产量水平、草谷比等参数,估算秸秆产生总量;依据收获方式、留茬高度、收获季节、收集条件、道路交通等因素,估算区域内实际秸秆可收集利用的数量。二是调研区域内秸秆综合利用现状。实地调研区域内现有的不同作物秸秆利用状况,秸秆利用相关企业数量、规模及分布等情况,秸秆收储点数量、面积和现有实际收储能力等;根据区域种植业、养殖业等发展规划和发展趋势,分析预测未来秸秆资源及利用变化。三是确定保持地力的秸秆合理还田量。依据区域内秸秆产生量及时空分布,统筹好秸秆综合利用与土地生产能力可持续提升之间的关系,确定秸秆还田数量和空间布局,筛选配套农机具和适宜农艺技术,避免因秸秆还田数量或技术不当带来的负面影响。四是确定秸秆离田利用数量。依据秸秆利用技术成熟度、市场化程度、工程转化效果、节能减排效益、社会经济发展水平、政策导向及利用现状等,优选利用技术途径,合理设计秸秆用于饲料、基料、燃料与原料的数量比例与时序,促进秸秆离田产业化发展。五是合理布局秸秆产业和收储场地。依据秸秆产业化利用特性,系统评判秸秆收集时限、收集强度、收集半径和收集技术,确定离田秸秆种类、离田数量和离田田块,建设规模适宜的收储场地,配套相关机械和队伍,提高秸秆收储运效率和市场竞争力。六是健全秸秆全量利用的政策保障。从组织、管理、资金投入、政策创设、技术支撑等方面制订切实可行的保障措施,构建基于政策引导下的秸秆全量利用机制,推动区域秸秆综合利用的长效运行与可持续发展。

地膜方面,近期可针对地膜污染严重的西北地区,重点支持"残膜回收加工机械"研发,加快研发进程,尽快生产出符合实际需求的成型农业机械,组织有关单位进一步开展不同厚度地膜、不同材料地膜、可降解地膜在不同区域和不同作物种植栽培中的对比试验,同时加强地膜污染防治相关标准制(修)订工作;远期,针对地膜污染综合防治中的难点问题,重点开展地膜生产与农田残膜限量标准、可降解地膜、污染监测评价以及残膜回收技术、新型机械、资源化利用和加工工艺等关键技术研究,建立农田残膜污染防治技术体系。

畜禽养殖方面,注重畜牧业环境污染全过程管理,从制度上分解各级政府、农业(畜牧)、环保等部门对畜牧业环境污染防治的责任,协调好畜牧业发展与污染防治之间的关系,各地畜牧业发展应充分考虑区域环境承载能力,科学划定禁养区、限养区和发展区,合理确定畜禽养殖的品种、规模和布局,注重养殖场规划选址、养殖结构、养殖规模、粪污处理设施、粪污处理工艺、粪污排放及其资源化利用方式的日常监管,实现对畜牧业环境污染防治的全过程管理;因地制宜,分类防治,应充分考虑我国不同地区畜牧业和不同类型养殖场所面临的污染防治情况的差异,根据畜禽养殖场的养殖规模及所处的自然环境,采取分类防治策略,对于符合点源污染界定的畜禽养殖场,规范设置养殖场排污口,纳入日常环境监管,对于面源污染类型的畜禽养殖场,逐步建立科学的监测、普查、评估与预警体系。

水产养殖方面,我国的水产养殖设施模式要走上可持续发展的轨道,应该在为健康养殖提供进一步保障的前提下,更加注重系统在"节水、节地、节能、减排"方面的功效。科学投饲饵料,减少对水体的污染;开发生态营养饲料的配制技术,减少饲料造成的污染;规范健康养殖,合理安排养殖结构;减少药物使用量,避免残留。

二、保障绿色农业发展科技研究思路

在前期工作的基础上,以推进和保障农业绿色发展为主导,优化农业空间布局,开展绿色环境友好投入品创制、绿色种植制度创新、农田生态系统污染防治协同优化集成研究与示范推广应用等,进一步促进种养有机结合,不断提升生态环境质量,构建我国农业安全、高效、绿色有机协同技术体系,推进绿色有机农业发展。以科技创新为推进发展的动力源,针对我国绿色农业发展中存在的主要问题和限制条件,建议在区域氮磷养分高效利用、农田有毒有害污染物综合治理、有机废弃物协同资源化利用、重金属污染农田系统修复、农田生态系统复合污染协同修复、基于大数据的污染监测与修复评价、区域性农产品安全生产与品质提升等方面进行理论和技术创新,并推广应用。

(一)区域氮磷养分高效管理面源污染防控技术

开展区域及农场尺度种养系统氮磷养分管理、环境风险监测、阈值和承载力评估体系研究;研发农田氮磷流失生态阻控技术与产品、农田氮磷绿色高效安全利用技术;研发高氮、磷肥料施用农田智能遥感识别系统;根据土壤性质、农业措施、气候条件划分流域特征精细分区管理单元,建立从田块到流域不同尺度面源污染动态信息管理系统。

(二)农田有毒有害污染物综合治理机制与技术

1.设施农业中的土壤有毒有害复合污染治理技术

开发肥料中有毒有害化学或生物因子高效削减技术，研制农田生物炭与氮磷协同控污增效技术与产品,集成农田土壤与肥料中有害因子污染风险智能化管控技术模式,开展耦合生源要素循环的有机氯污染强化削减原理与技术、基于同位素示踪的污染溯源与削减原理与技术、农业产业化导向农田系统环境友好型除草剂残留削减与阻控修复技术、设施农业土壤污染源头防控–过程治理–末端监管全链条式高效防控原理与技术的研究与示范推广应用。

2.(微)纳米塑料农田风险评价与修复技术

利用多表面吸附模型、纳米颗粒迁移模型、植物细胞超微结构、动植物代谢组学、微生物功能基因组学等技术手段，研究(微)纳米塑料在土壤中的归趋与其对农田生态系统的影响;评估(微)纳米塑料及相关复合污染对农田生态系统、食物链和人体健康的风险;构建评价指标体系,建立评价模型和方法;开展农田生态系统(微)纳米塑料污染监管和修复技术研发。

3.农田残留禁用有机氯农药生态环境风险评价与风险削减技术

开展碳、氮典型生源要素循环耦合的有机氯污染强化削减原理、方法及调控技术研究,系统阐明区域尺度农田(特别是不同水分管理制度下的稻田)地下生物系统响应有机氯污染及调控农田温室气体源汇功能的驱动机制,高效污染削减与农田温室气体减排逆向调控有机氯还原脱氯削减与甲烷释放的耦合关系机制与技术研究。

(三)农村农业有机废弃物协同资源化利用机制与技术

1.基于微生物结构演替构建农业废弃物好氧转化专用菌剂筛选评价模型

针对不同农业废弃物中的有机碳源特征，以多维组学技术为基础,确立研究靶标,从能量代谢的角度,分离筛选高效降解及腐殖化合成的微生物,重点开展低温起爆、(超)高温腐熟以及兼具促生抗病等功能菌株选育，构建评价不同功能微生物菌株之间的相互关系的模型，建立针对不同农业废弃物的堆肥专用高效发酵微生物菌种资源保藏中心，研究好氧转化中的微生物酶分子和复合酶系并进行定向进化或改造，建立基于低温和高温条件下功能微生物和特异性酶协同强化的好氧转化工艺。

2.农业废弃物好氧生物转化过程中线虫–原生动物–微生物的协同作用机制与调控

以农业废弃物为研究对象,通过高通量测序、宏转录组、功能基因芯片等多维组学方法,研究自然条件和接种菌剂好氧生物转化过程中线虫和原生动物的动态变化特征及其规律,揭示其在好氧转化过程中与微生物群落和功能演替的相互作用机制,研究线虫–原生动物–微生物协同对农业废弃物中碳、氮元素转化特征及好氧转化效率的影响，多维度阐明农业废弃物好氧转化的生物学机制。

3.农业废弃物好氧生物转化与养分高效循环研究

采用元素分析、$^{13}C-NMR$、Hedley 浸提、$^{31}P-NMR$、XRD 分析等

检测技术,研究典型农业废弃物中养分库含量,典型化学组分荷载与形态学特征、养分相分布与传质规律,结合 K-edge XANES 分析,重点分析磷素的吸收边缘结构、电子跃迁和扩展态等物理特征,探明农业废弃物养分人工循环利用潜力,采用同位素追踪技术(^{13}C、^{15}N、^{33}P、^{18}O),研究好氧生物转化中养分动态流动和同位素动力学特征。利用 3D-EEM、FTIR、^{31}P-NMR、XRD 及 K-edge XANES 分析,优化外源促释剂与有机废弃物物料配比,调控好氧生物转化关键过程参数,研究养分转化、内源物料、过程参数三者之间的互作关系,从分子与离子水平构建内外源调控养分转化行为的响应机制,实现养分的最佳回收效率。

4.秸秆饲料化过程木质素真菌酶学降解机制及技术

解析分离筛选秸秆木质素高效降解菌株降解木质素目标酶,研究目标菌属分泌目标酶的优化条件,通过分子生物学研究目标酶的基因及其表达的特性,采用基因工程技术提高目标酶的表达,研究目标菌属及目标酶在秸秆饲料加工处理中的利用技术,研究家畜对目标菌属及目标酶处理秸秆饲料的利用技术。

5.农业废弃物好氧转化中有害物质转化与控制研究

(1)畜禽粪便好氧转化过程及堆肥存放过程中,抗生素抗性基因的变化规律与分子机制研究

研究不同好氧生物转化(超高温好氧转化、常规好氧转化、昆虫联合生物好氧转化)过程中抗生素和抗生素抗性基因(ARG)的丰度特征及动态规律,研究好氧转化影响其丰度变化的作用机制,采用高通量定量 PCR 研究堆肥产品在存放过程中 ARG 反弹特征与规律,研究贮存条件与环境因子对 ARG 反弹效应的影响与贡献,解析内源与外源因素对驱动堆肥中 ARG 反弹的作用与

贡献，采用宏基因组、16S rDNA 高通量测序研究垂直转移和水平转移在 ARG 反弹中的作用与贡献，揭示抗性基因反弹效应分子机制。

（2）畜禽粪便好氧转化中的重金属砷的转化特征与去除机制研究

研究畜禽粪便好氧转化中砷的化学形态转化规律及其与微生物功能演替的关系，通过基因工程技术和驯化筛选研究耐高温的高效砷甲基化微生物菌株和菌剂产品，阐明好氧转化过程中砷生物挥发产物的再富集机制，研究与堆肥除臭系统相耦合的挥发性砷化物富集工艺技术。

6.基于田间地头和小型养殖企业农业废弃物膜覆盖好氧技术研究

研究农业废弃物膜覆盖好氧转化技术与机制，构建适合不同农业废弃物膜覆盖好氧转化技术的高效安全绿色降菌剂，结合近红外光谱仪原位研究膜覆盖好氧转化工艺参数的演变规律，研究膜覆盖畜禽粪便好氧转化过程臭气的排放特征和排放强度，研究膜覆盖好氧转化过程中有害物质的动态特征与转化规律及其与微生物群落结构变化的关系，建立基于膜覆盖好氧转化的有害物质削减技术，形成适合于田间地头和小型养殖企业的农业废弃物膜覆盖好氧转化的工艺和设备。

7.农村不同有机废弃物协同好氧发酵堆肥新一代技术、工艺及节能装备研制

开展秸秆、畜禽粪便、人粪尿、有机垃圾、河道淤泥等不同废弃物协同堆肥碳氮代谢特征、臭气产生特征、堆肥产品品质特征研究，形成配比、曝气、碳/氮比、水分等优化处理技术；开展条垛式就

地堆肥系统、槽式堆肥系统优化、节能型密闭反应器工艺及装备设计与制造研究。

8.有机废弃物处理技术协同应用

开发秸秆–畜禽粪污就地联合堆肥技术、畜禽粪污厌氧消化–堆肥–沼液灌溉技术、农村有机垃圾源头分类–就地好氧发酵技术、秸秆生物碳–堆肥技术、蚯蚓(昆虫)生物转化及肥料化利用技术集成模式应用。

(四)重金属污染农田系统修复技术体系构建

1.大气沉降对主要作物重金属累积的贡献及生物学机制

研究作物叶面和根系微环境中典型重金属形态转变与吸收的耦合效应,揭示不同来源重金属的吸收机制;解析根系吸收和叶面吸收对重金属在农产品中累积的相对贡献率;研究大气重金属沉降与作物生态效应机理机制,揭示田间条件下,不同地区不同作物大气沉降对重金属在农产品中累积的贡献;探索通过调控作物气孔和水孔形貌、叶面角质层组成、代谢途径等手段,控制大气沉降产生的重金属通过叶面的吸收和在农产品中的富集。

2.重金属污染农田生态系统服务功能良性循环利用技术

研究农田生态系统支撑服务、供应服务、调节服务、文化服务等影响因素及互作耦合机制,以及污染农田生态恢复机制;研发重金属污染农田生态系统服务功能良性循环利用材料、技术及管理措施;集成构建技术和管理模式,形成技术规范和管理办法,开展典型示范。

3.重金属污染生物质绿色高值资源化技术

研究重金属污染生物质高值金属回收、含金属功能材料、清洁固液燃料等资源化关键过程反应机制及影响因素；研发重金属污染生物质绿色高值资源化材料、技术及装备；集成构建技术模式并形成技术规范，开展典型示范。

4.农田重金属污染控制理论

研究轻度、中度、重度污染农田系统生理阻隔、钝化技术，植物修复、化学淋洗、磁吸附去除关键技术标准化应用参数；利用地球化学模型，针对我国主要类型土壤中重金属的化学形态分布进行预测，甄别不同土壤控制重金属形态分布的主要因子，建立农田系统重(类)金属的迁移转化、定向调控、多元素、多要素、多尺度耦合模型，形成重(类)金属污染控制的理论体系。

(五)农田生态系统复合污染协同修复技术

1.重金属复合污染农田协同修复与安全利用技术研发

研究重金属复合污染农田的污染特征及典型污染物迁移转化机制；研发不同土壤类型、利用类型、污染类型等重金属复合污染农田协同修复与安全利用材料、技术及装备；集成构建技术模式并形成技术规范，开展典型示范。

2.重金属污染农田农产品质量和品质协同提升修复技术研发

研究重金属污染农田的安全利用与农产品品质关系机制；研发重金属污染农田农产品质量和品质协同提升材料、技术及装备；集成构建技术模式并形成技术规范，开展典型示范。

3.低累积作物品种及其与超富集植物联用的关键技术研发

基于表型和基因型的低累积作物品种筛选技术，开展水稻、小麦、玉米、大豆等大宗农产品的低累积作物主栽品种筛选，确定应用方法和技术阈值；不同农区的低积累作物品种与超(高)富集植物的间、套、轮作关键技术研发；集成间套作、钝化调控、活化修复、农艺措施等多项技术相结合的间、套、轮作安全生产与修复模式构建，并开展应用示范和综合评估。

4.重金属与有机复合污染农田综合修复技术研发

研究重金属（镉、砷等）与多环芳烃（PAH）、多氯联苯（PCB）、农药和石油烃等有机复合污染的相互作用机制，复合污染农田的物理、化学、生物和农艺联合修复技术的筛选及优化组合，联合修复过程不同技术之间的相互作用及耦合机制，联合修复技术的大田推广及应用等，研发出高效的重金属与有机复合污染农田联合修复技术及产品并应用。

（六）基于大数据平台农田面源和重金属污染监测与修复评价

1.重金属原位快速监测技术体系

开展农田系统土壤、灌溉水、农田大气和主要农产品（粮食、蔬菜）中汞、镉、砷、铅等基于在线捕获和单波长激发光源纯化技术的能量色散型 XRF 重金属原位快速检测仪器研制，建立土、水、气、农产品基体重金属污染物特征光谱库，制订技术标准草案。

开发基于梯度扩散膜的土壤重金属有效态快速提取技术，构建土壤-粮食、蔬菜重金属耦合关系，配套汞、镉、砷、铅等重金属原位快速检测仪，制订技术标准草案。

研制基于在线萃取分离联用技术的灌溉水、土壤中重金属形态样品现场提取设备，开发形态分析方法，制订技术标准草案。

研发便携式土壤-农产品重金属协同监测设备及监测地理信息系统。

2.面源污染指征氮磷原位快速监测技术

研制有效态氮磷原位提取技术与设备,以及水体、大气、土壤中氮磷有效态的高灵敏度快速检测仪器,开发基于近红外的氮磷速测校正技术及设备。研究不同景观格局(田、沟、塘)农田生态系统氮磷阻隔、滞留、流失的一体化监测数据采集和汇交技术,研发基于云平台和深数据技术的农业面源污染监管与防治智慧云决策平台。

3.农业面源污染源和重金属污染源遥感和传感识别技术

研究疑似农业面源污染源和重金属污染源遥感识别技术,开展基于精密激光光谱、分子印迹等新技术的土壤面源污染(地表水和土壤硝态氮、氨态氮等)和重金属(土壤镉、镍、砷、铜、汞、铅、铬等)新型测量原理研究,研制 PPM 级别土壤多指标污染物高灵敏度快速原位连续测量技术。

4.农田土壤重金属污染时空大数据挖掘分析技术

利用近地传感器数据、遥感数据、多源多时相历史样点数据和气候等辅助数据的时空大数据挖掘分析技术,构建强空间异质性特征的土壤重金属污染高效监管技术:区域、产地、环境多目标协同监测,土壤重金属含量多尺度空间结构揭示与高精度制图技术,农田、土壤、污染三维空间扩散模拟预测,农田、土壤、污染防控与修复智能决策。

5.农业面源污染生态风险评价与管控

研究农业面源污染源识别和清单构建技术,形成农业面源污染源识别和清单构建技术体系;研究农业面源污染物排放与水体环境质量、环境风险关系,构建农业面源污染发生与生态环境风险关系模型和参数数据库;开展土壤污染物的生态毒理学和环境行为数据调查与评价研究，构建我国物种毒性和不同土壤类型的土壤污染物环境行为数据平台；开展人群暴露参数调查与整编、土壤污染风险评估基础信息数据库建设研究，建立适合我国的包含土壤污染暴露参数、土壤环境风险和暴露的农田土壤重金属污染风险评估基础信息数据库。

（七）区域性农产品安全生产与品质提升技术

开展关于区域性农产品质量安全的土壤环境质量健康关键管控因子评估及危害来源解析；名优特农产品关键品质形成土壤特色因子筛选及持续性有效供给性能研究；区域性农产品质量安全的重金属危害消控技术及大配方土壤调理剂研究；优质农产品关键品质形成土壤主控因子协同高效调控技术研究；创制农产品安全高效绿色防控技术体系，包括研发氮磷低污染排放种植结构调整技术、稻田全生育期养分及污染的生物调控技术、菜田生态高效种养配套技术、稻田水肥运筹减排技术、畜禽粪便绿色回田技术等。

参考文献

[1] 彭邦云.美丽乡村生态景观建设思考[J].南方农业,2018,12(36):87-88.

[2] 王夏晖,李翠华,杜静,等.农村区域景观生态建设与空间格局优化设计研究[J].环境保护,2015(17):30-32.

[3] 崔学勤,李亚鹏.国外乡村生态景观农业发展的经验及其对我国的启示[J].农业经济,2015(10):94-96.

[4] 李向军.农村生活污水处理技术指南(试行)[J].给水排水,2011(9):78.

[5] 赵明霞.农村生态文明评价指标体系建设的路径思考[J].攀登:哲学社会科学版,2015.

[6] 周利梅,李军军.我国农村生态文明建设的着力点——美丽乡村建设十大模式综述及思考:生态经济与美丽中国——中国生态经济学学会成立30周年暨2014年学术年会,2014[C].

[7] 宋继文.关于规范新型肥料发展的思考[J].化肥工业,2015(4):18-19.

[8] 杨绍林,樊仙,郭家文,等.轻简高效栽培技术研究现状[J].甘蔗糖业,2017(5):52-60.

[9] 陈剑秋.包膜控释肥对烤烟生长及烟叶品质的影响[D].山东农业大学,2006.

[10] 我国主导的脲醛缓释肥料国际标准颁布实施[J].农业科技与信息,2017(18):54.

[11] 王树林,刘好宝,史万华,等.论烟草轻简高效栽培技术与发展对策[J].中国烟草科学,2010,31(5):1-6.

[12] Han Shufeng,He Yong. Remote Sensing of Crop Nitrogen Needs and Variable-Rate Nitrogen Application Technology [J]. Transactions of the Chinese Society of Agricultural Engineering,2002,18(5):28-33.

[13] 2017年轮作休耕试点面积达1200万亩[J].种业导刊,2018(03):37.

[14] 王志强,黄国勤,赵其国.新常态下我国轮作休耕的内涵、意义及实施要点简析[J].土壤,2017,49(04):651-657.

[15] 黄国勤,赵其国.中国典型地区轮作休耕模式与发展策略[J].土壤学报,2018,55(02):283-292.

[16] 臧逸飞,郝明德,张丽琼,等.26年长期施肥对土壤微生物量碳、氮及土壤呼吸的影响[J].生态学报,2015(5):141-147.

[17] 贾倩,廖世鹏,卜容燕,等.不同轮作模式下氮肥用量对土壤有机氮组分的影响[J].土壤学报,2017,54(06):1547-1558.

[18] 李小涵,王朝辉,郝明德,等.黄土高原旱地种植体系对土壤水分及有机氮和矿质氮的影响 [J]. 中国农业科学,2008(09):2686-2692.

[19] 徐阳春,沈其荣,冉炜.长期免耕与施用有机肥对土壤微生物生物量碳、氮、磷的影响[J].土壤学报,2002(01):83-90.

[20] 马伦兰,马培杰,苏生.紫花苜蓿——小麦轮作对小麦产量与土壤有机质的影响[J].现代农业科技,2017(18):1-2.

[21] 戚瑞生,党廷辉,杨绍琼,等.长期轮作与施肥对农田土壤磷素形态和吸持特性的影响 [J]. 土壤学报,2012,49（06）:1136-1146.

[22] 高菊生,徐明岗,董春华,等.长期稻-稻-绿肥轮作对水稻产量及土壤肥力的影响[J].作物学报,2013,39(02):343-349.

[23] Ditzler Craig A.,Tugel Arlene J. Soil Quality Field Tools: Experiences of USDA-NRCS Soil Quality Institute[J]. Agronomy Journal,2002,94(1):33-38.

[24] Maddonni Gustavo A.,Urricariet Susana,Ghersa Claudio M., et al. Assessing Soil Quality in the Rolling Pampa,Using Soil Properties and Maize Characteristics[J]. Agronomy Journal,1999,91(2).

[25] 高旺盛,陈源泉,石彦琴,等.中国集约高产农田生态健康评价方法及指标体系初探[J].中国农学通报,2007(10):131-137.

[26] 彭涛,高旺盛,隋鹏.农田生态系统健康评价指标体系的探讨[J].中国农业大学学报,2004(01):25-29.